Robert L. Wolk‿

Ce qu'Einstein n'a jamais dit à son tailleur

Des réponses scientifiques aux questions de tous les jours

Traduit de l'américain par Julien Ramonet

DUNOD

L'édition originale de cet ouvrage a été publiée en 2000 aux États-Unis par Bantam Dell Publishing Group, une filiale de Random House, Inc., sous le titre : *What Einstein didn't know.*

This translation of *What Einstein didn't know,* originally published in English in 2000 by Dell Publishing, is published by arrangement with The Bantam Dell Publishing Group, a division of Random House, Inc.

Illustration de couverture : « Les Shadoks »,
dessin original de Jacques ROUXEL

Relecture scientifique par Jacques Toussaint

ISBN : 978 2 10 051239 3

À mes sources d'énergie personnelles : ma fille Leslie, qui stimule mon enseignement en me demandant continuellement : « Pourquoi, papa ? » et ma femme Marlene, qui dynamise ma vie en étant une vraie partenaire.

Table des matières

Introduction

Oubliez le mot *science*. Ce livre vous explique simplement ce qui se passe sous la surface des choses. Il est destiné aux personnes curieuses du monde qui les entoure mais qui n'ont pas le temps de rechercher les explications ou sont un peu intimidées par la *science*.

Bien sûr, les réponses aux questions de la vie de tous les jours doivent être scientifiques – c'est-à-dire logiques et précises. Mais vous ne trouverez pas ici les non-réponses pseudo-scientifiques habituelles qui vous laissent toujours aussi insatisfait(e). Plutôt que de simples *réponses*, vous trouverez des *explications* dans un langage simple qui, je l'espère, vous amèneront à une réelle *compréhension*.

En général, les occasions que nous avons de côtoyer la science sont rares : en classe, dans les manuels scolaires ou dans des pavés d'un ennui mortel écrits par des scientifiques solennels. Malheureusement, les manuels scolaires et les cours de science ont détourné autant de personnes de la science qu'ils en ont attirées (ne me lancez pas sur ce sujet…). Et les livres scientifiques sérieux ne font que perpétuer la conviction que la science est par nature incompréhensible au commun des mortels.

Ce livre n'est pas un manuel scolaire, il est tout sauf solennel et ce n'est pas un livre amusant pour enfants. (Mais ne vous étonnez pas si vos enfants vous le volent). C'est un livre amusant pour adultes. Mais ce n'est pas un recueil de faits tape-à-l'œil et merveilleux que l'on oublierait aussitôt lus. Il répond plutôt à de vraies questions que de vraies personnes pourraient se poser dans de vraies situations : chez soi, dans la cuisine, dans le garage, au marché et au grand air. Des questions que le tailleur d'Einstein, s'il en avait eu un (vous avez sans doute remarqué qu'Einstein ne soignait pas sa tenue vestimentaire beaucoup plus qu'il ne soignait sa coiffure…), aurait pu poser à ce grand scientifique.

Pas besoin de lire ce livre dans l'ordre. Cherchez selon vos goûts et lisez la question qui attire votre attention; toutes les explications se suffisent à elles-mêmes. Toutefois, si des informations apparentées sont traitées ailleurs dans cet ouvrage, vous pourrez vous reporter à la question/réponse correspondante.

En parcourant ce livre, vous trouverez des rubriques « Voyez par vous-même », des tests et des démonstrations que vous pouvez faire vous-même, que vous soyez assis(e) dans votre cuisine ou dans un avion. Vous trouverez également quelques « Brèves de comptoir », qui ne vous rapporteront peut-être pas une tournée mais qui vous permettront sûrement de lancer des discussions animées.

Tout au long de ce livre, les détails d'une explication qui menaceraient de nous entraîner plus loin que vous ne le souhaitez sont regroupés dans un « Coin des scientifiques » sur lequel vous pourrez facilement passer. Les termes techniques occasionnels seront expliqués au moment où vous les rencontrerez. Mais, si un mot vous est inconnu ou si vous avez oublié ce qu'il signifie, vous le trouverez probablement dans la liste de « Jargon scientifique » en fin d'ouvrage.

D'accord, vous avez pris un peu d'avance et vu le mot *molécule* partout. Vous avez peur que les explications soient un peu trop techniques. Rassurez-vous. *Molécule* est à peu près le seul mot technique que l'on ne peut éviter pour expliquer le monde qui nous entoure. Vous avez peut-être déjà une assez bonne idée de ce qu'est une molécule mais, dans le cadre de ce livre, voici tout ce que vous avez besoin de savoir :

- Une molécule est l'une de ces minuscules particules invisibles dont chaque chose est faite. Tous les objets que vous voyez et que vous touchez sont différents car leurs molécules ont des natures, des formes, des tailles et des arrangements différents.
- Les molécules sont composées de particules encore plus petites appelées *atomes*. Il existe environ une centaine d'atomes différents et ils peuvent se combiner de façons très variées pour former énormément de molécules différentes.

Comme John Keats aurait pu le dire : « C'est tout ce que vous savez sur terre et c'est tout ce qu'il faut savoir ! »

Bonne compréhension.

Chapitre 1

La maison

Flânons un peu dans la maison. Si nous regardons attentivement, nous verrons une foule de choses fascinantes. Des bougies sont peut-être allumées sur la table, des bulles pétillent dans des coupes de champagne tandis que, de la fenêtre, nous pouvons admirer un coucher de soleil. Ou bien nous sommes coincés dans la buanderie, où le savon et les détergents agissent comme par magie sur tout ce que nous étiquetons sous le terme général de « saleté ».

Dans ce chapitre, nous apprendrons des choses étonnantes concernant les bougies, le champagne, les couchers de soleil, le savon et les produits nettoyants, sans parler des lits à eau et de la douche.

Quelques crasses sur le savon

☞ Il y a trois choses dont on dit qu'il vaut mieux ne pas savoir comment elles sont faites : les saucisses, les lois et le savon. J'en ai déjà trop entendu sur les législateurs, je préfère ne pas savoir pour les saucisses. Mais je prends mon courage à deux mains : comment fait-on du savon ?

La réputation que le savon a depuis au moins 2 000 ans d'être un nettoyant incomparable et universel a démenti ce que l'on a pu dire sur sa fabrication. Le savon a toujours été facile à fabriquer, à partir de matériaux bon marché et facilement disponibles : la graisse et les cendres de bois. On utilisait parfois également de la chaux.

Vous pouvez aussi utiliser la méthode des Romains : chauffez du calcaire pour obtenir de la chaux. Aspergez des cendres de bois avec de la chaux humide et mélangez bien. Faites bouillir cette boue grise avec de la graisse de chèvre pendant plusieurs heures. Récupérez la couche épaisse et marron qui se forme à la surface et durcit en refroidissant et coupez-la en morceau. C'est votre savon.

Ou, si vous préférez, allez au magasin et achetez un pain de savon commercial actuel, hautement purifié. En plus de savon, qui est un composé chimique bien défini, il contient probablement des additifs, des colorants, des parfums, des déodorants, des agents antibactériens, diverses crèmes et lotions et beaucoup de publicité. Parfois plus de publicité que de savon.

Tous les savons proviennent de la réaction de graisse avec un *alcali* – une base puissante (une base est le contraire d'un acide). Plutôt que de la graisse de chèvre, les savons actuels sont faits à partir de plusieurs graisses, y compris du suif de bœuf et d'agneau, d'huiles de palme, de graine de coton et d'olive. (Le savon de Castille est fait à partir d'huile d'olive.) L'alcali utilisé pour faire les savons modernes est en général de la lessive (de la soude caustique, ou *hydroxyde de sodium*). La chaux est une autre base commode. On peut également utiliser une pincée de cendres de bois parce qu'elles contiennent une autre base, le carbonate de calcium.

Provenant d'une addition d'un composé organique (un acide gras) et d'un composé inorganique (la soude), la molécule de savon conserve certaines propriétés de ses deux parents (voyez p. 66). Elle a une extrémité organique qui aime fraterniser avec les substances lipidiques organiques et une extrémité inorganique qui est attirée par l'eau (voyez p. 100). D'où son incroyable capacité à dissoudre la crasse graisseuse dans l'eau de lavage.

Lorsque vous voyez les produits chimiques suivants sur les étiquettes d'un tube de shampooing, de dentifrice, de mousse à raser, de produits de beauté, ne soyez par alarmé(e) ou impressionné(e). Ce ne sont que des noms chimiques de savon : le stéarate de sodium, l'oléate de sodium, le palmitate de sodium, le myristate de sodium, le laurate de sodium, le suif de sodium, le cocoate de sodium. Si les ingrédients contiennent du « potassium » à la place du « sodium », c'est que le savon a été fait avec de la potasse (hydroxyde de potassium) et pas de la soude caustique (hydroxyde de sodium). Les savons au potassium sont plus doux et peuvent même être liquides.

C'est du propre

☞ À chaque fois que quelque chose sur notre corps, nos vêtements ou notre voiture ne nous plaît pas, on dit qu'ils sont « sales » et on les lave. Ce que l'on appelle saleté peut être à peu près n'importe quoi. Mais le savon nous rend service en nous débarassant de cette saleté et seulement d'elle. Comment le savon peut-il identifier la saleté ?

On pourrait dire que le savon est une substance magique qui reconnaît et respecte notre peau et nos précieux objets mais dévore tout le reste, comme un vautour qui ne laisse que des os derrière lui. Mais les produits magiques n'existent pas. La réponse a plutôt un rapport avec la nature de l'eau et de l'huile. Aussi simpliste que cela puisse paraître, tout ce que nous appelons saleté – ou, plus poliment, « substance étrangère » – est soit de la graisse soit collé avec de la graisse. Et le savon (voyez p. 4) n'a pas son pareil pour enlever la graisse.

Avant de pouvoir trouver un moyen de retirer la saleté, nous devons tout d'abord nous intéresser à la façon dont nous nous salissons.

Une toute petite tache – terme désignant tout ce que l'on ne veut pas voir sur soi – peut s'accrocher à nous de l'une des deux façons suivantes : soit elle est coincée mécaniquement dans un petit trou (par exemple lorsque l'on se salit sur une route sèche) soit elle est humide et l'humidité la fait adhérer (lorsque l'on se salit sur une route humide). Dans les deux cas, bien rincer à l'eau douce, en frottant peut-être un peu, suffira en général pour retirer les substances étrangères. Le savon n'est pas vraiment indispensable.

Mais que se passe-t-il si les particules de poussière sont légèrement couvertes de graisse plutôt que d'eau ? Elles vous collent à la peau tout comme la boue humide. En fait, la saleté n'a même pas besoin d'amener son enveloppe de graisse avec elle. Il y a souvent assez de graisse sur notre peau pour que les particules de crasse y adhèrent. Contrairement à la boue, cependant, la saleté reste collée car l'huile ne s'évapore pas et ne sèche pas comme l'eau. De l'eau pure ne permettra pas de la déloger car l'eau ne veut rien avoir à faire avec l'huile (voyez p. 102); elle glissera simplement sur la graisse comme elle le fait sur les plumes d'un canard qui, comme vous le savez, sont huileuses.

Il semble donc que la seule chose que l'on puisse faire pour détacher la saleté graisseuse est de traquer et de détruire la graisse elle-même. La saleté pourra alors tomber ou on pourra la balayer à l'aide d'un liquide.

Très bien. Remplissons notre baignoire d'alcool, de kérosène ou d'essence : ils dissolvent tous très bien les huiles, n'est-ce pas ? C'est ce que font les teinturiers à nos vêtements sales : lorsqu'ils lavent nos vêtements à sec, ils les mettent dans des machines remplies de solvants tels que le perchloréthylène (« perc », pour faire court), un solvant organique qui dissout la graisse de façon fantastique. On appelle ce procédé « nettoyage à sec » malgré le fait que nos vêtements aient à baigner dans un liquide très mouillé. Le raisonnement semble être que, si ce n'est pas de l'eau, ce n'est pas mouillé. Faux, bien sûr (voyez p. 202).

Malheureusement, le perc dans la baignoire nous tuerait encore plus vite que l'alcool, le kérosène ou l'essence. Il vaut donc mieux oublier l'idée de prendre un bain de solvant. Mais il existe une substance tout aussi efficace sans être aussi toxique (il paraît que certains se sont même lavé la bouche avec) : le savon. Pour être précis, le savon ne dissout pas les graisses. Il accomplit l'exploit d'accrocher les graisses à l'eau, de sorte que l'on peut laver ces dernières et les taches de saleté qui y sont attachées.

Les molécules de savon sont longues et fines. Sur presque toute leur longueur (la « queue »), elles sont presque identiques aux molécules de graisse et ont donc une affinité pour d'autres molécules de graisse. Mais, à l'autre extrémité (la « tête »), elles ont une paire d'atomes chargés électriquement qui ne demandent qu'à s'associer avec les molécules d'eau. C'est cette tête qui entraîne toute la molécule de savon dans l'eau – qui la dissout. Si des molécules de savon dissoutes rencontrent une particule de saleté lorsqu'elles nagent dans l'eau, leur queue – attirée par les graisses – s'attache à la tache, alors que leur tête – attirée par l'eau – est toujours fermement attachée à l'eau. L'huile est ainsi entraînée dans l'eau; la particule de saleté est libérée de ce à quoi elle était accrochée et elle est emportée.

Le coin des scientifiques

Le savon fait une deuxième chose importante : il rend l'eau plus mouillante. C'est-à-dire qu'il aide l'eau à pénétrer dans tous les coins et les recoins de ce que l'on veut laver.

Les molécules d'eau collent fermement les unes aux autres (voyez p. 100). Une molécule d'eau située à la surface d'un « morceau » d'eau est donc soumise à de très fortes attractions qui essayent de la ramener vers l'intérieur. Par ailleurs, la formation la plus resserrée possible pour tout groupe de particules est une formation sphérique; une sphère expose le minimum de surface au monde extérieur. C'est la raison pour laquelle l'eau forme des gouttes sphériques à chaque fois qu'elle le peut, lorsqu'elle tombe sous forme de pluie, par exemple.

(En deux dimensions, c'est la raison pour laquelle les pionniers adoptaient des formations en cercle contre les Indiens ; si les chariots avaient été rangés en carrés, ils auraient été plus exposés vers l'extérieur.)

La force dirigée vers l'intérieur sur les molécules à la surface d'un liquide est appelée **tension de surface**. Cette force existe car les molécules de la surface sont, d'une certaine façon, différentes de celles du corps du liquide.

Dans le corps d'un liquide, une molécule subit les attractions de ses voisines du dessous, du dessus et de tous les côtés, si bien que ces attractions s'annulent. Mais une molécule à la surface n'est attirée que par les molécules à ses côtés et en dessous, et ne reçoit pas d'attraction de l'extérieur ; il en résulte donc une force dirigée vers le bas, qui n'est pas compensée par une force dirigée vers le haut. De ce fait, les molécules de la surface adhèrent plus à l'eau que les autres molécules, et l'eau se comporte comme si elle avait une peau tendue à sa surface. Des petits objets peuvent même se poser à la surface sans rompre la « peau ». Et les insectes aquatiques peuvent même patiner joyeusement sur la surface de l'eau.

Ajoutons du savon. Les molécules de savon perturbent la tension de surface de l'eau en se regroupant au niveau de la surface, la tête (qui aime l'eau) vers l'intérieur et la queue (qui aime les graisses) vers l'extérieur. Cela perturbe la tendance des molécules d'eau à se regrouper et leur permet de s'intéresser – c'est-à-dire de mouiller et d'adhérer – à d'autres choses… y compris une aiguille flottante.

Voyez par vous-même

À cause de la tension de surface, vous pouvez déposer une aiguille de couture à la surface de l'eau dans un bol. Posez-la délicatement avec deux cure-dents ou deux allumettes.

Une fois l'aiguille en équilibre à la surface de l'eau, saupoudrez un peu (mais pas trop) de lessive en poudre à proximité. La lessive détruit la tension de surface encore mieux que le savon. Lorsqu'un peu de la lessive se sera dissous, l'aiguille sera précipitée vers les abîmes.

La croisière s'amuse

☞ **Une publicité télévisée pour une croisière dans les Caraïbes annonce : « Pour nos clients qui auront peut-être passé trop de temps au soleil, nous lavons même nos draps avec de l'eau adoucie. » Est-ce possible ?**

Non, le publicitaire a passé trop de temps au soleil. On se demande comment une compagnie de croisière qui avale ce genre de bêtises de son agence de pub arrive à trouver les bonnes îles.

Plutôt que d'insulter mes lecteurs en leur expliquant pourquoi les draps ne seront pas plus doux, je ferai remarquer à ceux qui seraient tentés par une croisière que l'eau douce et l'eau dure ne portent pas ce nom en raison de leurs rigidités relatives. Le choix de « douce » et « dure » comme qualificatifs de ces eaux est assez malheureux; les termes « difficile » et « coopérative » auraient été plus appropriés – pour définir leurs rapports avec le savon.

L'eau dure est de l'eau qui a voyagé. C'est de l'eau de pluie qui a traversé de l'air, qui s'est promenée et est passée par de nombreux trous à travers des roches avant de former des ruisseaux et d'être appréhendée, détenue et exploitée par les humains. Au cours de ses pérégrinations, elle a inévitablement collecté du dioxyde de carbone de l'air, qui l'a rendue acide (de l'acide carbonique).

Cet acide peut dissoudre de petites quantités de roches contenant du calcium et du magnésium comme la chaux (carbonate de calcium) et la dolomite (carbonates de calcium et de magnésium). Elle peut également légèrement dissoudre des roches contenant des minéraux à base de fer. Par conséquent, cette eau peut contenir des minéraux dissous comme le calcium, le magnésium et le fer.

On la considère comme « dure » car il est difficile pour le savon de faire correctement son travail dans une eau qui contient ces minéraux. Le savon est constitué de longues molécules dont une extrémité aime les graisses et l'autre, l'eau (voyez p. 5). Sa principale tâche est de lier la graisse à l'eau.

Le problème, c'est que le calcium, le magnésium et le fer réagissent avec les extrémités hydrophiles (qui aiment l'eau) pour former des copeaux blancs insolubles qui consomment le savon et l'empêchent de faire son travail. Ces copeaux forment des résidus, de la « crasse de savon » ou, dans sa forme la plus tristement célèbre, des « anneaux de baignoire ». (Contrairement à la croyance populaire, ces derniers sont davantage un signe de la dureté de l'eau que de l'hygiène des baigneurs).

Accessoirement, une pensée un peu dérangeante : *vous avez déjà mangé des dépôts de savon dans certaines friandises*. Ces dépôts sont souvent constitués de *stéarate de magnésium*; la partie stéarate provient du savon (voyez p. 4) et la partie magnésium provient d'une eau dure. Le stéarate de magnésium est une substance molle, douce et cireuse. C'est ce qui la fait adhérer à la baignoire, d'accord, mais c'est aussi ce qui donne une texture crémeuse aux bonbons tendres et autres sucreries à sucer – une texture savonneuse, pour être provocateur. Si la liste des ingrédients de votre sucrerie favorite contient du stéarate de magnésium, rassurez-vous, il s'agit de la forme pure du composé chimique, qui n'est pas obtenue à partir de raclures de baignoire.

Mais revenons à notre eau dure. Nous pouvons réagir de deux manières à l'incapacité du savon à bien faire son travail dans une eau dure : on peut adoucir l'eau ou on peut troquer notre savon au profit d'un détergent synthétique.

Pour adoucir l'eau, on peut retirer les minéraux coupables ou les rendre inoffensifs. De nombreux dispositifs d'adoucissement de l'eau éliminent les minéraux par *échange d'ions*. Les échangeurs d'ions remplacent le calcium et ses camarades par du sodium, qui est inoffensif car il y en a déjà dans les molécules de savon.

Dans ce qui nous semble être l'ancien temps, il y a environ cinquante ans, on adoucissait l'eau en ajoutant des cristaux de soude (du carbonate de sodium ou de soude) dans la cuve de la machine à laver. Ce composé reforme les carbonates de calcium et de magnésium originaux insolubles – en gros, la roche de départ –, les éliminant donc de l'eau avant qu'ils aient pu réagir avec le savon.

De nos jours cependant, presque plus personne n'utilise de savon pour laver ses vêtements. Les barils de lessives sur les hectares d'étalage de supermarché sont tous des détergents synthétiques (ils sont tous quasiment identiques ; la seule différence, c'est la publicité). Comme celles du savon, leurs molécules ont une extrémité *hydrophile* (qui aime l'eau) et une extrémité *lipophile* (qui aime les graisses) mais elles refusent tout simplement de réagir avec le calcium et le magnésium. Pour faire bonne impression, elles contiennent également des produits pour adoucir l'eau, comme les phosphates et – devinez quoi – du carbonate de soude.

L'eau dure pose néanmoins des problèmes car elle peut boucher les canalisations et encrasser les bouilloires. Quand on fait bouillir de l'eau dure, le calcium et le magnésium dissous se déposent sous forme de calcaire et de dolomite. Ce rocher ressuscité peut former une couche tenace sur les parois des bouilloires, des radiateurs à eau et des canalisations, les obstruant comme les artères d'un chef pâtissier viennois.

Si l'eau de votre logement est dure, regardez dans votre bouilloire et vous verrez un dépôt blanc sur ses surfaces. Si vous voulez vous en débarrasser, faites bouillir du vinaigre – un acide – dans la bouilloire pour le dissoudre.

Voyez par vous-même

Dissolvez quelques copeaux de savon dans un peu d'eau distillée. Vous obtiendrez une belle mousse de savon, qui indiquera que le savon fait son travail. (L'eau distillée est pure et ne contient pas de minéraux; vous en trouverez en supermarché).

Ensuite, si vous vivez dans une zone où l'eau est dure, ajoutez de l'eau du robinet et remuez à nouveau. (Si l'eau de votre robinet est douce, vous pouvez simuler une eau dure en ajoutant un peu de lait à la place.) Le calcium de l'eau dure (ou du lait) fera retomber la mousse. Vous pourrez même voir des copeaux blancs de « crasse de savon » flotter.

Brûler la chandelle par un bout

☞ Quand une bougie brûle, que devient la cire ?

À part ce qui coule sur votre nappe, elle va au même endroit que l'essence quand elle brûle : dans l'air. Mais sous une forme chimique modifiée.

Les bougies sont en général en paraffine, qui est un mélange d'hydrocarbures, des substances que l'on trouve dans le pétrole. Comme leur nom l'indique, ils ne contiennent que des atomes d'hydrogène et de carbone. Quand ils brûlent, ils réagissent avec l'oxygène de l'air. Le carbone et l'oxygène s'unissent et deviennent du dioxyde de carbone ; l'hydrogène et l'oxygène se regroupent et deviennent de l'eau. (Mais pas forcément en totalité, voyez p. 14). Ces deux produits sont gazeux à la température de la flamme et s'évaporent donc dans l'air.

Nous brûlons de nombreux autres hydrocarbures : le méthane du gaz naturel, le propane dans les barbecues, le butane dans les briquets, le pétrole lampant dans les lampes, l'essence dans les voitures. Lorsqu'ils brûlent, ils forment tous du dioxyde de carbone et de la vapeur d'eau, et semblent disparaître pendant l'opération. Le papier, le bois et le charbon contiennent d'autres minéraux et produits végétaux qui ne brûlent pas, c'est pourquoi ils laissent des cendres en plus de produire du dioxyde de carbone et de la vapeur d'eau.

Le coin des scientifiques

Quand il n'y a pas assez d'oxygène disponible pour former du **di***oxyde de carbone, dans les moteurs de voitures par exemple, on obtient également du* **mon***oxyde de carbone (voyez p. 108).*

Si vous avez du mal à croire que les flammes produisent de l'eau, essayez ceci :

Voyez par vous-même

Mettez une poêle fine en aluminium au réfrigérateur, laissez-la refroidir et tenez-la juste au-dessus de la flamme d'une bougie ou d'un briquet. Au bout de quelques secondes, regardez le dessous de la poêle et vous verrez que la vapeur d'eau de la flamme s'est liquéfiée sur la surface froide de la poêle.

Vous ne l'avez pas demandé, mais…

☞ Pourquoi une bougie ne brûle-t-elle pas sans mèche ?

Par capillarité, la mèche amène la cire fondue jusqu'à l'endroit où elle peut se vaporiser et se mélanger avec l'oxygène de l'air. Un bloc de cire solide et même une flaque de cire liquide ne brûlent pas car les molécules de cire ne peuvent pas entrer en contact avec suffisamment de molécules d'oxygène; seuls les gaz peuvent se mélanger intimement, molécule pour molécule, et réagir. La combustion libère de l'énergie. Une fois initiée, elle libère suffisamment d'énergie pour continuer à faire fondre la cire et ainsi maintenir la réaction.

Au feu !

☞ Les flammes de mes plaques à gaz sont bleues mais la flamme des bougies sur la table est jaune. Qu'est-ce qui donne des couleurs différentes aux flammes ?

Cela dépend de la quantité d'oxygène disponible pour le carburant. S'il y a beaucoup d'oxygène, les flammes sont bleues; s'il y en a peu, elles sont jaunes. Commençons par nous intéresser aux flammes jaunes.

Une bougie est une machine à produire des flammes vraiment complexe. D'abord, la cire doit fondre ; ensuite le liquide doit parvenir à la mèche, il doit se vaporiser sous forme de gaz et ce n'est que là qu'il peut brûler – réagir avec l'oxygène de l'air pour former du dioxyde de carbone et de l'eau (voyez p. 12). L'efficacité du procédé laisse beaucoup à désirer.

Si la combustion était efficace à 100 pour cent, la cire se transformerait complètement en dioxyde de carbone et en eau invisibles. Mais la flamme ne reçoit pas tout l'oxygène dont elle aurait besoin de l'air dans son environnement immédiat. L'air, avec son chargement d'oxygène nourrissant pour les flammes, ne peut pas arriver assez vite pour réagir avec toute la cire fondue et vaporisée prête à se consumer.

Ainsi, sous l'influence de la chaleur, une partie de la paraffine qui ne peut pas brûler se décompose en petites particules de carbone, entre autres. Ces particules sont chauffées par la flamme et deviennent lumineuses. C'est ce qui donne sa couleur jaune à la flamme. Au moment où les particules de carbone luisantes atteignent le haut de la flamme, la quasi-totalité d'entre elles ont trouvé assez d'oxygène pour se consumer.

La même chose se produit dans les lampes à pétrole, les feux de papier, les feux de camp, les feux de forêt et les feux domestiques : tous génèrent des flammes jaunes. L'air n'arrive pas assez vite pour que les carburants brûlent complètement et se transforment en dioxyde de carbone et en eau.

Voyez par vous-même

Si vous ne croyez pas qu'il y a des petites particules de carbone non brûlé dans la flamme d'une bougie, mettez la lame d'un couteau quelques secondes dans la flamme, pour les recueillir avant qu'elles ne brûlent. Une couche veloutée noire de carbone se forme alors sur la lame. Le noir du carbone est pratiquement la substance la plus noire que l'on connaisse; on l'utilise dans certaines encres.

Les barbecues et les plaques au gaz, en revanche, utilisent un carburant gazeux – aucune évaporation n'est nécessaire. Il est donc facile pour le carburant de se mélanger avec une grande quantité d'air, si bien que la com-

bustion peut être maximale. Comme le gaz brûle presque complètement, on obtient une flamme beaucoup plus chaude. Et c'est une flamme claire et transparente car elle n'est pas encombrée par des particules de carbone luisantes.

Vous voulez une flamme encore plus chaude ? Pourquoi pas mélanger de l'oxygène pur, à la place de l'air, avec le gaz ? Après tout, l'air ne contient qu'à peine 20 pour cent d'oxygène. Les souffleurs de verre utilisent une torche qui mélange de l'oxygène avec du gaz naturel (du méthane) et obtiennent ainsi une température de flamme d'environ 1 600 °Celsius. La flamme du chalumeau oxyacétylénique (de l'oxygène et de l'acétylène, ou éthyne) d'un soudeur peut atteindre 3 300 °C. Des flammes bleues et claires – sauf quand le chalumeau est mal réglé, auquel cas le gaz ne reçoit pas assez d'oxygène pour brûler entièrement. Résultat ? Une flamme jaune pleine de suie.

Vous ne l'avez pas demandé, mais…

☞ Pourquoi une flamme chaude bien réglée prend-elle une couleur bleue et pas une autre couleur ?

Cela est lié au fait que les atomes et les molécules qui sont chauffés par des flammes peuvent absorber une partie de l'énergie de chaleur et la restituer rapidement sous forme d'énergie lumineuse (voyez p. 175).

Chaque substance émet ses propres longueurs d'ondes caractéristiques (ou couleurs de lumière) lorsqu'elle reçoit de la chaleur. (En jargon scientifique, chaque substance a un *spectre d'émission* propre.) Le propane ou le gaz naturel de votre barbecue et l'acétylène du soudeur sont très similaires : ce sont tous des hydrocarbures – des composés de carbone et d'hydrogène. Il se trouve que les molécules d'hydrocarbures émettent plusieurs de leurs longueurs d'ondes caractéristiques dans les parties verte et bleue du spectre visible. D'autres types d'atomes ou de molécules, si on les vaporisait et brûlait, donneraient leur propre couleur à la flamme. C'est le principe des feux d'artifice (voyez p. 175).

Buller devant la télé

☞ **J'achète en général mon soda en bouteilles de 1,5 L. Mais, avec une si grande bouteille, conserver les bulles d'une pizza à l'autre est difficile. À part laisser le bouchon sur la bouteille, que puis-je faire pour éviter que mon soda ne perde ses bulles ? Qu'en est-il des gadgets à pompe que l'on met sur la bouteille ? Est-ce qu'ils sont vraiment efficaces ?**

Votre objectif est de garder autant de dioxyde de carbone que possible à l'intérieur de la bouteille car c'est de ça que les petites bulles sont constituées. Votre première tactique de défense doit être de garder la bouteille bien fermée. Mais, honnêtement, cela ne vous aidera pas beaucoup.

Beaucoup de mécanismes existent sur le marché, y compris ce mécanisme de pompage sophistiqué dont vous parlez. C'est une pompe à vélo miniature que l'on visse sur la bouteille avant d'actionner un piston pour comprimer le gaz à l'intérieur de la bouteille. Ça sonne bien mais, malheureusement, c'est une arnaque.

Tout ce que cela fait, c'est vous faire croire que votre soda est plus en forme qu'il ne l'est réellement. Voyons pourquoi.

Les sodas pétillent lorsque le dioxyde de carbone dissous émerge sous forme de bulles. Le gaz veut désespérément s'échapper du liquide car les gars à l'usine ont mis beaucoup plus de dioxyde de carbone qu'il ne s'en dissoudrait normalement dans des conditions atmosphériques. Dès que vous ouvrez la bouteille, la plupart du gaz en excès se libère dans la pièce et on ne peut absolument rien y faire. Votre problème est de forcer le reste du gaz à rester sagement dissous dans le liquide le plus longtemps possible.

Trois choses déterminent la quantité de gaz qui peut rester dissoute dans le liquide : les réactions chimiques du gaz en question, la pression et la température :

- **Les réactions :** les gaz qui réagissent chimiquement avec l'eau se dissolvent en général plus facilement que les gaz inertes, dont les molécules n'ont rien d'autre à faire que se promener tranquillement dans l'eau. Le dioxyde de carbone fait partie des gaz qui réagissent. Il se transforme en acide carbonique, qui ajoute ce petit goût âcre agréable au soda, à la bière et au vin pétillant. L'air (de l'azote et de l'oxygène) ne réagit pas avec l'eau. Par conséquent, le dioxyde de carbone à température ambiante est plus de cinquante fois plus soluble dans l'eau que l'azote et plus de vingt fois plus que l'oxygène.
- **La pression :** l'effet de la pression est exactement celui auquel on s'attend : plus la pression d'un gaz est forte au-dessus du liquide et plus la quantité de gaz dissoute dans le liquide est importante. L'explication est la suivante : à haute pression, il y a plus de molécules de gaz à voltiger par centimètre cube dans l'espace au-dessus du liquide et donc un nombre plus élevé d'entre elles à plonger chaque seconde dans le liquide.
- **La température :** l'effet de la température est sans doute l'opposé de ce à quoi l'on s'attend : plus la température est élevée et *moins* le gaz se dissout. Autrement dit, plus un liquide est froid, plus il peut contenir de gaz. L'explication dépasse un peu le cadre de cette question, nous la traiterons donc un peu plus loin (voyez la section « Vous ne l'avez pas demandé, mais… » p. 20). Mais un exemple : à température ambiante, l'eau ne

peut dissoudre que la moitié du dioxyde de carbone qu'elle peut dissoudre à la température de votre réfrigérateur.

Nos conclusions sont donc les suivantes : pour garder autant de dioxyde de carbone dissous dans votre soda que possible, il faut maintenir une pression élevée et une température basse. La température ne pose pas de problème : il suffit de s'assurer que la bouteille est bien fraîche au moment où on l'ouvre et de la remettre dès que possible au réfrigérateur.

La question de la pression est plus délicate. À l'usine, les molécules de dioxyde de carbone furent poussées de force dans le soda comme un groupe de claustrophobes dans un ascenseur. Au moment où l'on ouvre la bouteille, il se produit une fuite désespérée. Presque toute la pression de dioxyde de carbone s'en va dans un grand *pschitt* ! Ensuite, votre soda perd ses bulles, ce n'est qu'une question de temps.

Ne pouvons-nous vraiment rien y faire ? Ne pouvons-nous pas rétablir la pression d'une façon ou d'une autre, pour roter encore un jour ou deux ?

Entrez chez un marchand de gadgets. Vissez leur machin sur la bouteille, comme ils vous le disent, pompez quelques fois sur le piston et c'est fait. La prochaine fois que vous ouvrirez la bouteille, vous entendrez le plus grand et le plus satisfaisant *pschitt* de votre vie. Et vous êtes censé(e) supposer que votre soda est comme neuf.

Mais devinez quoi ? Il n'y a pas une seule molécule de dioxyde de carbone de plus là-dedans que si vous aviez juste bien revissé le bouchon. Vous obtiendriez le même *pschitt* s'il n'y avait que de l'eau plate dans la bouteille. Leur gadget n'est rien d'autre qu'un bouchon très cher.

Ce que vous avez pompé dans la bouteille, c'est de l'*air*, pas du dioxyde de carbone. Bien sûr, il y a un petit peu de dioxyde de carbone dans l'air mais il n'y en a qu'une molécule sur 3 000. Pour ralentir la fuite d'un gaz d'un liquide, il faut ajouter de *ce gaz particulier* dans l'espace au-dessus du liquide. La quantité de dioxyde de carbone qui reste dissoute dans le soda ne dépend que du nombre de collisions entre les *molécules de dioxyde de carbone* et la surface du liquide. Si vous aviez pompé du dioxyde de carbone, ça serait une autre histoire mais l'azote et l'oxygène n'ont aucune influence.

En conclusion, fermez bien votre bouteille et gardez-la au frais. Il est particulièrement important de fermer hermétiquement la bouteille lorsqu'elle est sortie du réfrigérateur. En effet, c'est surtout à ce moment-là que le dioxyde de carbone s'échappe, du fait de l'élévation de température. Remplissez votre verre, rebouchez la bouteille et remettez-la aussitôt au réfrigérateur.

Mais ne rêvez pas trop. Vous pouvez ralentir l'exode de dioxyde de carbone mais pas l'arrêter.

Et aussi, quoi qu'il arrive, ne secouez *jamais* la bouteille. Cela ne fait qu'accélérer l'évaporation du gaz (voyez p. 33).

Vous ne l'avez pas demandé, mais…

☞ Pourquoi la bière chaude perd-elle ses bulles ?

Une plus grande quantité de gaz peut se dissoudre dans un liquide froid que dans un liquide chaud. Comme le dirait un chimiste, « la solubilité d'un gaz dans un liquide décroît avec la température ». (C'est ainsi que les chimistes parlent).

En pratique, pourquoi le dioxyde de carbone choisit-il de quitter la bière juste parce qu'elle se réchauffe ? D'après notre expérience quotidienne, on pourrait s'attendre à ce qu'un liquide soit capable de dissoudre plus de choses, et pas moins, quand il se réchauffe. On peut dissoudre plus de sucre dans du thé chaud que dans du thé glacé, non ? Pourquoi en irait-il autrement pour les gaz ?

La réponse tient au rôle que la chaleur joue dans le processus de dissolution. Et il peut être très compliqué.

Quand une substance se dissout dans l'eau, ses molécules se séparent les unes des autres et se dispersent dans tout le liquide. D'autres changements peuvent avoir lieu en même temps, en fonction de la substance qui se dissout. Par exemple, les molécules peuvent se lier à de petits groupes de molécules d'eau, elles peuvent réagir chimiquement avec l'eau ou elles peuvent se séparer en fragments chargés électriquement ou faire d'autres choses trop horribles à envisager.

Tous ces processus consomment ou libèrent de l'énergie, sous forme de chaleur. La chaleur joue donc un rôle clé – et très variable – dans la dissolution des différentes substances. Le résultat final est que certaines substances absorbent avec avidité la chaleur supplémentaire de l'eau et l'utilisent pour se dissoudre davantage, alors que d'autres substances réagissent négativement à cette chaleur supplémentaire et se dissolvent moins. En d'autres termes, certaines substances sont plus solubles dans l'eau chaude que l'eau froide alors que d'autres le sont moins. Même les chimistes ne peuvent pas toujours prédire quelle sera la réaction d'une substance donnée.

Cependant, dans le cas des gaz, on peut généraliser : quand ils se dissolvent dans l'eau, ils libèrent *tous* de l'énergie sous forme de chaleur. On pourrait dire (et je vais le faire) que les gaz qui se dissolvent n'aiment pas la chaleur : ils essayent de s'en débarrasser. Ils se dissolvent donc plus facilement dans un environnement froid, capable d'absorber la chaleur (comme l'eau froide), et ils ont du mal à se dissoudre dans un environnement chaud et riche en chaleur (comme l'eau chaude).

Voyez par vous-même

Laissez un verre d'eau froide posé pendant quelques heures et vous verrez des bulles se former sur les parois à mesure que l'eau se réchauffe. De l'air était dissous dans l'eau froide mais l'eau chaude ne peut pas contenir tout cet air. Elle « perd ses bulles », tout comme la bière.

Élastique iconoclaste

☞ **Tout le monde sait qu'un objet se dilate lorsqu'on le chauffe. Mais quelqu'un a voulu parier avec moi qu'il y a une substance ordinaire dans ma maison qui se contractera si on la chauffe. Aurais-je dû relever son pari ?**

Non, vous avez eu raison de ne pas relever celui-là. Cette substance ordinaire est le caoutchouc. Le caoutchouc étiré.

La plupart des objets se dilatent lorsqu'on les chauffe pour une raison simple : l'élévation de température accélère le mouvement des atomes et des molécules (voyez p. 247). Les particules jouent des coudes et prennent en moyenne plus de place, si bien que l'objet dans son ensemble prend plus de place.

Toutefois, le caoutchouc peut se comporter différemment à cause de la forme bizarre de ses molécules. Elles ressemblent à des vers dans une boîte – ce sont des chaînes fines et ondulées, toutes enchevêtrées. En tout cas, jusqu'à ce que vous étiriez votre caoutchouc. Quand vous l'étirez, vous redressez les chaînes car elles sont forcées de s'aligner le long de la direction de l'étirement.

Mais c'est un état de tension qui n'est pas naturel pour elles; vous le savez parce qu'il faut fournir un effort pour les étirer de cette façon, comme si l'on étirait un ressort. Dès que vous relâchez votre effort, les molécules de caoutchouc retournent à leur forme compacte et froissée, et le morceau de caoutchouc reprend sa forme originale.

Qu'est-ce que tout cela a à voir avec les effets de la chaleur ? Eh bien, si vous chauffez le caoutchouc lorsque ses molécules sont étirées, l'agitation des molécules due à la chaleur les fait tirer sur leurs extrémités, ce qui tend à faire diminuer leur longueur. (Un serpent enroulé est plus court que lorsqu'il se déplace.) Le caoutchouc essaye ainsi autant que possible de revenir à sa forme plus compacte : il se contracte.

Voyez par vous-même

Coupez une bande de caoutchouc d'au moins 1 cm de large. Utilisez du caoutchouc naturel plutôt que du coloré; les bandes colorées ne sont en général pas en caoutchouc naturel. Attachez un poids à une extrémité et fixez l'autre à une étagère, en laissant le poids pendre librement. Le poids devrait être suffisamment lourd pour étirer modérément le caoutchouc. Chauffez maintenant la bande avec un sèche-cheveux. Regardez attentivement et vous verrez le caoutchouc se contracter et faire légèrement remonter le poids.

Brève de comptoir

Le caoutchouc se contracte lorsqu'on le chauffe. Mais, rappelez-vous, nous parlons de caoutchouc étiré. Le caoutchouc qui n'est pas étiré se dilate lorsqu'on le chauffe, comme tout le reste *(voyez p. 39).*

Ni trop chaud ni trop froid

☞ Comment la même bouteille thermos peut-elle garder chaud un liquide chaud et froid un liquide froid ?

Pour résoudre ce problème, tout ce que vous avez à faire, c'est de considérer la chaleur comme une sorte de liquide qui ne s'écoule qu'en « descendant », des hautes températures vers les basses. Une bouteille thermos agit comme un barrage qui bloque l'écoulement de la chaleur. Elle ne laisse pas la chaleur « descendre » du café chaud qu'elle contient vers l'extérieur, dont la température est plus basse. De même, elle ne laisse pas la chaleur « descendre » de l'air extérieur vers le thé glacé qu'elle contient, dont la température est plus basse.

Autrement dit, les parois d'une bouteille thermos sont un *isolant thermique* très efficace – une substance ou un arrangement de substances qui retarde l'écoulement de la chaleur. Nous sommes plus habitués à utiliser des isolants pour empêcher la chaleur de sortir de notre corps et de notre maison vers l'extérieur plus froid; les blousons de ski, les sacs de couchage et l'isolation du grenier nous viennent facilement à l'esprit. Mais nos réfrigérateurs sont également isolés, dans ce cas pour empêcher la chaleur d'*entrer*. Les isolants fonctionnent dans les deux sens.

La chaleur, bien sûr, n'est pas un liquide, bien qu'elle s'écoule d'un endroit à un autre. Elle se déplace de trois façons : par *conduction*, par *convection* et par *rayonnement*. Prenons-les une par une et voyons comment une bouteille thermos les contrecarre toutes.

Mettez un objet froid en contact avec un objet chaud; vous savez ce qui se produit alors : l'objet chaud refroidit en cédant une partie de sa chaleur au froid, qui se réchauffe. Une partie de la chaleur a été transférée par *conduction* de l'objet plus chaud vers l'objet plus froid.

Au fait, qu'est-ce que la chaleur ? C'est l'agitation, le mouvement des molécules d'un objet (voyez p. 247). Plus les molécules s'agitent et plus l'objet est chaud. Quand vous placez un objet chaud (dont les molécules bougent beaucoup) en contact avec un objet plus froid (dont les molécules bougent peu), une partie des molécules plus rapides entrent en collision avec les plus lentes, transférant à ces dernières une partie de leur énergie, ce qui a pour effet de les accélérer – les chauffer. C'est ce que l'on appelle la conduction : un transfert d'énergie direct de molécule à molécule.

Quand vous touchez une poêle brûlante, les molécules de votre peau sont accélérées par les molécules plus rapides de la poêle. Quand vous touchez un cube de glace, les molécules de votre peau perdent une partie de leur vitesse en raison des collisions avec les molécules de glace plus lentes.

Une bouteille thermos supprime la conduction car elle possède deux parois séparées par du vide. Comme le vide ne contient pas de molécules pouvant subir des collisions, la conduction de chaleur ne peut avoir lieu.

La *convection* est le processus par lequel la chaleur se transfère d'un endroit à un autre par le mouvement d'un gaz ou d'un liquide porteur de chaleur. Vous avez déjà entendu dire que la chaleur montait. En réalité, c'est *l'air chaud* qui monte et emporte la chaleur qu'il contient avec lui. C'est la convection. Un four à convection est simplement un four équipé d'un ventilateur qui participe à la circulation de l'air chaud. Dans ce cas, on parle de *convection forcée.*

Une bouteille thermos inhibe la convection tout simplement parce que c'est un récipient fermé; l'air ne peut traverser les parois. Tous les récipients hermétiques bloquent la convection.

Enfin, la chaleur peut être *rayonnée* d'un endroit à un autre sous forme de rayonnement infrarouge (voyez p. 229). Ces ondes d'énergie sont émises par les objets chauds. Elles traversent l'espace et peuvent être absorbées par des objets plus froids, leur transférer leur énergie et donc les chauffer.

Une bouteille thermos bloque le rayonnement infrarouge en le réfléchissant grâce à un miroir. Les surfaces internes des deux parois du récipient (qui entourent le vide) sont argentées, si bien que le rayonnement infrarouge en provenance de l'extérieur ou de l'intérieur est réfléchi et repart d'où il est venu.

Si le rayonnement ne vous paraît pas être un candidat sérieux à la transmission de chaleur, pensez à la façon dont vous faites griller des aliments *sous* la résistance de votre four électrique. La chaleur monte lorsqu'elle se déplace par convection, d'accord, mais une bonne partie se transmet également vers le bas (et dans toutes les directions) par rayonnement.

Aucune bouteille thermos n'est parfaite, bien sûr. Une partie de sa chaleur quitte le café par rayonnement ou conduction (ou arrive dans votre thé glacé). Mais ce dispositif ralentit le transfert de chaleur de façon substantielle et votre boisson reste chaude ou froide pendant plusieurs heures au lieu de quelques minutes.

Au fait, le nom Thermos (c'est le mot grec pour « chaleur ») devint une marque en 1904 mais il a été tellement utilisé qu'il est devenu un terme générique pour tous les récipients à vide. Un fabricant l'utilise toujours comme nom de marque.

Vous ne l'avez pas demandé, mais…

☞ Comment le polystyrène isole-t-il ?

Ce matériau est un bon isolant car la mousse de plastique retient des milliards de bulles prisonnières. Les gaz sont de mauvais conducteurs de chaleur car leurs molécules sont si éloignées les unes des autres qu'il leur est très difficile d'entrer en collision, pour donner de la chaleur ou pour en prendre. Le polystyrène entre les bulles est également un bon isolant car ses molécules sont si grosses qu'elles ne peuvent pas beaucoup se déplacer.

Les boîtes en polystyrène fin dans lesquelles les restaurateurs américains mettent les « doggie-bag[1] » sont censées en conserver la chaleur jusqu'à ce que vous soyez rentré(e) chez vous. Le contenu ne reste pas vraiment chaud mais seulement à la bonne température pour que les bactéries se multiplient. Ensuite, lorsque vous rentrez chez vous et que vous mettez la boîte entière dans le réfrigérateur pour votre repas du lendemain, l'isolation en polystyrène maintient ces restes à la température optimale pour les bactéries pendant une heure environ. Il vaut mieux transférer la nourriture dans un récipient qui n'est *pas* isolé avant de le mettre dans le réfrigérateur.

En bloc

☞ J'ai pris une canette de soda dans le réfrigérateur et, au moment où je l'ai ouverte, elle a gelé. Que s'est-il passé ?

Le soda n'était pas gelé quand il était dans le réfrigérateur car la température du réfrigérateur était au-dessus de son point de congé-

1. Littéralement « sac pour le chien », ce terme désigne les restes d'un repas de restaurant que le client rapporte chez lui. À l'origine emportés pour le chien (d'où son nom), les restes du repas sont en général consommés par le client lui-même les jours suivants. (NDT)

lation. Mais, quand vous avez tiré sur la languette, vous avez fait deux choses : vous avez fait chuter la pression à l'intérieur de la canette et vous avez perdu une partie du gaz. Pour différentes raisons, chacun de ces effets a aidé le liquide à geler.

Tous les liquides gèlent à une température qui leur est propre : leur point de congélation. Pour l'eau pure, il vaut 0 °Celsius. L'eau impure – de l'eau contenant des substances dissoutes – a un point de congélation plus bas que l'eau pure (voyez p. 94). Plus il y a de produits dissous dans l'eau, plus son point de congélation est bas.

Le soda contient de toute évidence beaucoup de produits dissous : des sucres, des arômes et surtout du dioxyde de carbone. Il ne gèle donc pas avant que la température descende bien en dessous de zéro. Mais, au moment où vous avez ouvert la canette, le liquide a perdu une partie de son dioxyde de carbone dissous, qui s'est évaporé dans l'air. Comme le liquide contenait moins de produits dissous, son point de congélation est remonté au-dessus de sa température (celle du réfrigérateur) et il a docilement gelé.

Ouvrir la canette et relâcher la pression a eu un autre effet. La glace prend plus de place que l'eau liquide (voyez p. 210). Si vous comprimez de la glace, elle a donc tendance à retourner à l'état liquide, moins encombrant. Dans les conditions de haute pression qui régnaient dans la canette fermée, la glace était réprimée et le soda était liquide. Mais, dès que vous avez relâché la pression, l'eau liquide a pu se dilater et prendre sa forme plus encombrante : la glace. Bien sûr, cela n'aurait pas pu se produire si la température du soda n'était pas déjà en dessous de son point de congélation, à la suite du départ du gaz dissous.

Comme si cela ne suffisait pas, il y a eu un troisième effet. Quand vous avez ouvert la canette, le dioxyde de carbone comprimé a pu se détendre. Quand un gaz se détend, il refroidit (voyez p. 139). Ce refroidissement supplémentaire a également contribué à la solidification.

Vous pouvez augmenter la température de votre réfrigérateur pour éviter que cela ne se produise.

Au chaud dans son lit

☞ **Pourquoi faut-il équiper les lits à eau d'un chauffage ? Quelques jours après le remplissage, l'eau ne devrait-elle pas avoir la même température que le reste de la pièce, y compris les autres types de lit ?**

L'eau dans un lit à eau atteindra effectivement la même température que tout le reste de la pièce, y compris un lit classique. Mais vous *aurez* quand même plus froid sur un lit à eau. Cela est dû au fait que l'eau prend plus de chaleur à votre corps que les autres matériaux, comme un matelas classique.

La chaleur n'est rien de plus que le mouvement des molécules d'une substance (voyez p. 247). Différents matériaux peuvent transmettre ce mouvement, et donc conduire la chaleur, avec divers degrés d'efficacité. Le meilleur moyen est la *conduction* – la transmission directe, de molécule à molécule, de proche en proche sur de grandes distances. Pour cela, les molécules doivent être suffisamment proches pour jouer des coudes.

Dans l'eau, les molécules sont en contact, si bien que les molécules plus agitées (« plus chaudes ») peuvent facilement transmettre une partie de leur mouvement aux molécules « plus froides » voisines. La chaleur – dans ce cas, votre chaleur corporelle – voyage donc efficacement dans l'eau et vous avez une sensation de froid, à moins que cette chaleur vous soit restaurée par un chauffage électrique.

Les matelas classiques sont des conducteurs de chaleur beaucoup moins bons que l'eau car ils contiennent de l'air. Dans l'air, les molécules sont très éloignées et elles sont séparées par beaucoup d'espace vide (voyez p. 157). Elles ne peuvent donc que rarement rebondir les unes sur les autres, si bien que le transfert de chaleur ne peut avoir lieu que rarement et que la transmission de chaleur est très lente. Sur un matelas normal, votre corps fournit de la chaleur plus vite que le matelas ne peut la conduire et vous êtes donc au chaud.

Vous voulez avoir *vraiment* froid ? Essayez de dormir sur une plaque de métal. Les métaux sont d'excellents conducteurs de chaleur car leurs atomes sont maintenus très proches les uns des autres par un « ciment » d'électrons.

Voyez par vous-même

Faites décongeler deux boîtes de fraises surgelées : laissez-en une dans de l'air à 20 °C et plongez l'autre dans de l'eau à 17 °C. Bien que l'eau soit plus froide que l'air, les fraises décongèleront plus rapidement dans l'eau car l'eau conduit mieux la chaleur vers la boîte – c'est-à-dire qu'elle en retire mieux le froid.

Brève de comptoir

Des fraises congelées dégèlent plus vite dans de l'eau à 17 °C que dans de l'air à 20 °C.

Le blues de la fumée de cigarette

☞ Quand quelqu'un fume une cigarette, la fumée qui s'en élève est bleue. Mais lorsqu'il avale la fumée puis la recrache, elle est blanche. Je sais ce qui arrive probablement aux poumons mais qu'arrive-t-il à la fumée ?

Le goudron et la nicotine ne sont pas bleus, oubliez donc cette idée. Ce qui s'est produit, c'est que la taille des particules a changé.

Les particules de la fumée montant d'une cigarette qui brûle gentiment sont extrêmement petites, plus petites que la longueur d'onde de la lumière. Ces minuscules particules sont trop petites pour réfléchir une onde lumineuse qui arriverait sur elles, comme un mur renverrait un ballon. Dans ce cas, l'onde est juste un peu déviée de son trajet initial et change simplement de direction : elle est *diffusée*. Plus la longueur d'onde est courte – à l'extrémité bleue du spectre visible – et plus la lumière est diffusée par rapport à sa direction originale car plus la longueur d'onde est proche de la taille des particules.

Quand on regarde de la fumée lorsque la source de lumière se trouve derrière nous ou de côté, beaucoup des rayons bleus ne traversent pas la fumée et ne sont « perdus » pour nous; ils sont diffusés dans toute la pièce – plus que les autres couleurs. Ainsi, nos yeux reçoivent un excès de lumière bleue (la lumière bleue habituelle à laquelle s'ajoute la lumière bleue diffusée) et la fumée nous apparaît bleutée.

Lorsqu'un fumeur tire sur une cigarette, les particules de fumée sont un peu plus grosses car elles n'ont pas le temps de se consumer complètement. Quand elles sont inhalées, beaucoup d'entre elles restent coincées dans le poumon et ne ressortent pas avant la biopsie.

Les particules qui font le trajet aller-retour au pays des poumons reviennent couvertes d'humidité, ce qui augmente encore leur taille. Les particules sont maintenant plus grandes que les longueurs d'onde de toutes les couleurs. Comme tous les objets de « grande taille », elles réfléchissent les couleurs de la même façon. La fumée ne prend donc pas de couleur particulière et apparaît donc blanche.

Vous ne l'avez pas demandé, mais…

☞ Aucun livre de science ne peut être complet sans répondre à cette question : pourquoi le ciel est-il bleu ?

Il est bleu pour la même raison que la fumée de cigarette est bleue : à cause de la diffusion préférentielle de la lumière bleue par les petites particules.

L'air pur n'a pas de couleur, bien sûr, ce qui signifie que les longueurs d'onde (les couleurs) de la lumière le traversent sans être absorbées. Mais il contient des molécules et, souvent, des grains de poussière plus petits que les longueurs d'onde de la lumière visible, qui peuvent donc la diffuser. Comme dans le cas des particules de la fumée de cigarette, la lumière bleue est plus diffusée que les autres couleurs, qui ont tendance à continuer en ligne droite sans trop changer de direction.

Quand on regarde le ciel, on voit toutes les couleurs qui nous arrivent du Soleil, qui proviennent surtout d'une direction – celle du Soleil. Mais, en plus de cela, on reçoit de la lumière bleue supplémentaire « diffusée par l'air » de nombreuses autres directions. Ainsi, on reçoit un excès de lumière bleue par rapport à ce que le Soleil envoie et le ciel semble plus bleu que la lumière du Soleil.

Vous ne l'avez pas demandé non plus, mais…

☞ Pourquoi les levers et les couchers de Soleil sont-ils si éclatants ?

Quand le Soleil est bas à l'horizon, lorsqu'il se lève ou qu'il se couche, on le regarde à travers une plus grande épaisseur d'atmosphère (voyez p. 149). Lorsque la lumière qu'il émet traverse toute cette atmosphère, une bonne partie du bleu qui était orientée dans notre direction est diffusée dans de nombreuses autres directions, si bien que la lumière qui nous parvient est appauvrie en bleu. De la lumière solaire pauvre en bleu semble rouge, orange ou jaune, selon la taille des particules de poussière en suspension dans l'air et les autres couleurs qu'elles diffusent donc.

Si cela brise le romantisme des couchers de soleil, oubliez ce que je viens de dire.

Voyez par vous-même

Faites votre propre coucher de Soleil. Ajoutez quelques gouttes de lait dans un verre d'eau claire et regardez une ampoule électrique à travers le verre. L'ampoule aura l'air rouge, jaune ou orange. La lumière en provenance de l'ampoule est appauvrie en bleu en raison de la diffusion due aux particules de caséine et de matière grasse en suspension dans le lait. La couleur exacte que vous voyez dépend de la taille et de la concentration de ces particules dans l'eau.

Champagne !

☞ Pourquoi secouer une bouteille de soda ou de bière la fait-elle « exploser » lorsqu'on l'ouvre ? Ouvrir une bouteille de champagne doit-il nécessairement être délicat ? Après tout, quand ça éteint les bougies, ça gâche un peu l'ambiance.

L'astuce, comme vous vous en doutez, consiste à bien rafraîchir les bouteilles et à éviter de les agiter plusieurs heures avant de les ouvrir. Mais le fait de savoir pourquoi peut toujours être utile.

La bière, les sodas et le champagne doivent leurs bulles au dioxyde de carbone qui a été dissous dans le liquide pendant – ou, dans le cas du vrai champagne, après – la mise en bouteille. Le pétillement est dû à la libération des bulles de dioxyde de carbone dans l'air. Quand cela se produit doucement sur notre langue, cela nous donne une sensation agréable de picotement. Mais, si cela se produit trop vite, il n'y a plus qu'à aller chercher une serpillière.

La quantité de dioxyde de carbone qui peut rester tranquillement dissoute dans le liquide dépend directement de la teneur en dioxyde de carbone de l'espace au-dessus du liquide car plus il y a de molécules de dioxyde de carbone à s'agiter et plus il y en aura à rebondir sur la surface et à se dissoudre.

Dans une bouteille fermée, cet espace est rempli d'air et de dioxyde de carbone; de plus, ces gaz sont très comprimés : la pression peut atteindre 4,2 kg par centimètre carré, soit 4,2 bars. (C'est environ deux fois plus que la pression à l'intérieur des pneus de votre voiture.) Il y a donc beaucoup de dioxyde de carbone dissous dans le liquide au moment où l'on achète la bouteille.

Quand on ouvre une bouteille, quelles que soient les précautions que l'on prend, le dioxyde de carbone sous pression s'échappe et il n'y a plus que de l'air normal à pression atmosphérique au-dessus du liquide. Dans l'air normal, seule une molécule sur 3 000 est une molécule de dioxyde de carbone. Pratiquement tout le dioxyde de carbone va donc devoir sortir du liquide d'une façon ou d'une autre. La seule question est : à quelle vitesse ? Et la réponse est : normalement, lentement.

Après la fuite initiale des molécules du dessus, les molécules de dioxyde de carbone dissoutes ne quittent pas toutes le liquide en même temps. Si tel était le cas, votre boisson perdrait toutes ses bulles en un instant, provoquant une énorme explosion, quelles que soient vos précautions pour manipuler la bouteille.

Les molécules de gaz ne peuvent pas non plus s'échapper des profondeurs du liquide. Elles doivent trouver des points de ralliement, des lieux de rendez-vous particuliers où elles peuvent se rejoindre et former des groupes – des bulles – suffisamment importantes pour se frayer un chemin jusqu'à la surface. Les scientifiques appellent ces lieux de regroupement des *sites de nucléation*.

À peu près n'importe quelle rupture de l'homogénéité du liquide – même une poussière microscopique – peut servir de site de nucléation pour les bulles. Il en va de même pour les infimes rayures sur la surface du verre car elles peuvent emprisonner des bulles d'air microscopiques au moment où l'on verse le liquide, bulles qui inviteront d'autres molécules de gaz à les rejoindre. Les molécules de dioxyde de carbone s'agglomèrent à tous ces sites de nucléation et grossissent jusqu'à former des bulles, qui s'élèvent dès qu'elles sont assez grosses pour remonter vers la surface du liquide.

Quel rapport avec le fait de secouer la bouteille ? Eh bien, quand vous secouez la bouteille, vous emprisonnez un peu du gaz qui se trouvait au-dessus du liquide, sous forme de minuscules bulles. Et ces bulles minuscules sont les meilleurs sites de nucléation possibles pour la formation et la croissance de bulles. Les molécules de dioxyde de carbone du liquide s'accrochent à ces nouvelles bulles, qui grossissent de plus en plus. En un instant, vous avez un déluge de mousse, propulsé du goulot de la bouteille par la pression du gaz qui se détend comme un plomb dans une carabine à air comprimé.

Vous rencontrerez le même problème, bien que dans une forme moins aiguë, si vous ouvrez une bouteille de bière ou de soda (ou de champagne qui n'est pas suffisamment frais). Le dioxyde de carbone est moins soluble dans les liquides plus chauds (voyez p. 17); plus de gaz sort donc que si le liquide était froid. Si vous avez de plus beaucoup secoué la bouteille – non, mieux vaut ne pas y penser.

Vous ne l'avez pas demandé, mais…

☞ **Pourquoi les bulles qui se forment dans un verre de champagne sont-elles fines et délicates, et s'élèvent-elles en file ordonnée, alors que, dans un verre de bière, les bulles semblent éclore de partout ?**

Il y a plusieurs raisons, dont aucune n'est sociologique.

En général, on verse le champagne dans des flûtes fines et hautes, dont le fond n'offre pas beaucoup de surface pour la formation des bulles. De plus, des verres fins de ce type sont moins sujets aux rayures car (a) les instruments de nettoyage ne peuvent pas y rentrer aussi facilement et (b) ils ont probablement été utilisés moins souvent que les chopes de bière. Qui dit moins de rayures dit moins de sites de nucléation, et donc moins de bulles et des bulles plus petites. Vous ne les verrez s'élever qu'à partir de quelques sites de nucléation.

Voyez par vous-même

Grattez l'intérieur d'un verre de bière ou de champagne avec la pointe d'un couteau et vous verrez de nouvelles bulles se former sur ces nouveaux sites de nucléation.

Le champagne est plus clair que la bière. Le vrai champagne (sur l'étiquette duquel est indiqué ***méthode champenoise****), contrairement à un vin pétillant*

bon marché, a été soigneusement clarifié par refroidissement, dépôt et dégorgement. Dans ce procédé, les bouteilles bouchées sont inclinées tête en bas et tournées périodiquement pendant une longue période; on gèle ensuite le goulot et on retire la couche de dépôt gelé avec le bouchon. Qui dit moins de matière en suspension dit, encore, moins de sites de nucléation pour les bulles.

Le dioxyde de carbone du vrai champagne est produit dans la bouteille bouchée après addition de levure et de sucre pendant un procédé de vieillissement qui dure plusieurs mois et parfois plusieurs années. Pendant cette longue période, non seulement les cellules de levure meurent, comme c'est le cas dans la bière ou les autres vins, mais leurs molécules se décomposent en fragments appelés peptides. Une extrémité de chaque molécule est une base, qui peut s'accrocher à une molécule de dioxyde de carbone, qui est un acide, piégeant ainsi cette dernière dans la solution.

Ainsi, non seulement le champagne peut contenir plus de dioxyde de carbone que les autres boissons mais il ne le rend qu'à contrecœur une fois la bouteille ouverte. D'où les colonnes de fines bulles aristocratiques, s'élevant une par une de façon ordonnée, à partir des sites de nucléation disponibles.

Si vous bouchez votre bouteille et la mettez au réfrigérateur, un bon champagne sera toujours pétillant le lendemain matin. Et même le surlendemain matin, si vous faites vraiment la fête.

Chaud devant

☞ Lors d'un dîner chez un ami, je mélangeais mon café et la cuiller est devenue très chaude, apparemment même plus chaude que le café lui-même. Cela ne m'arrive jamais chez moi. Que s'est-il passé ?

Félicitations. Vos amis ont assez de considération pour vous pour sortir leur argenterie, en argent « sterling ». Vos couverts sont soit en acier inoxydable soit (désolé) en argent plaqué.

L'argent sterling est presque pur : il est composé de 92,5 pour cent d'argent, pour être exact. Et l'argent est le meilleur conducteur de chaleur de tous les métaux. La chaleur migre d'une région de haute température à une région de basse température dès qu'elle trouve un moyen de le faire (voyez p. 23) et l'argent offre une véritable autoroute à la chaleur. Tout ce que la cuiller a fait, c'est conduire la chaleur du café hors de la tasse en direction de la pièce plus froide ou – quand vous l'avez touchée – de vos doigts.

Lorsqu'elle conduit toute cette chaleur, la cuiller elle-même devient chaude – à peu près aussi chaude que le café, même si vous pensez qu'elle est plus chaude. (Je ne vous recommande pas de mettre un doigt dans votre café pour vous en assurer.)

L'acier inoxydable conduit la chaleur environ cinq fois moins vite que l'argent. Chez vous, vous ne laissez sans doute jamais votre cuiller ordinaire assez longtemps dans le café pour que l'extrémité en devienne très chaude. Même si vous la laissiez, elle ne conduirait pas la chaleur du café à vos doigts assez rapidement pour que cela soit inconfortable.

Complètement givré

☞ Mon appareil à crème glacée utilise un mélange de glace et de sel pour produire une température très basse. Comment le sel fait-il baisser la température bien en dessous de la température habituelle de solidification de l'eau ?

La température habituelle d'un mélange eau-glace est de 0 °Celsius, mais ce n'est pas suffisamment froid pour faire geler de la crème glacée. Il faut que la température atteigne – 3 °C. C'est possible grâce au sel. Beaucoup d'autres produits chimiques en feraient autant mais le sel est bon marché.

Quand on mélange du sel et de la glace, il se forme de l'eau salée et la glace fond spontanément dans cette eau salée, dont la quantité augmente. C'est ce qui se produit lorsque l'on sale une route ou un trottoir gelé ; de la glace solide plus du sel solide égale de l'eau salée (voyez p. 100).

Dans un morceau de glace, les molécules d'eau sont fixées selon un arrangement géométrique rigide (voyez p. 210). Cet arrangement rigide se rompt sous l'influence du sel et les molécules d'eau forment alors un liquide dans lequel elles sont libres de se déplacer.

Mais il faut de l'énergie pour rompre la structure solide des molécules de glace, tout comme il faut de l'énergie pour abattre un bâtiment (voyez p. 126). Pour un morceau de glace uniquement en contact avec du sel et de l'eau, cette énergie ne peut provenir que de la chaleur contenue dans l'eau salée. Lorsque la glace fond et se dissout, elle emprunte de la chaleur à l'eau, abaissant ainsi sa température. Le mélange se rembourse en prenant de la chaleur à la crème glacée, ce qui est, bien sûr, exactement notre but de départ.

Voyez par vous-même

Mettez des quantités égales de glace pilée dans deux verres identiques. Versez juste assez d'eau dans les deux verres pour que la glace commence à flotter. Versez ensuite une bonne quantité de sel dans l'un des verres et remuez. Après quelques minutes, mesurez les températures avec un thermomètre à viande. (Dieu seul sait pourquoi beaucoup de ces thermomètres vont en dessous de zéro.) Vous constaterez que la glace salée est beaucoup plus froide que la glace non salée. Vous pourrez peut-être même gratter avec votre doigt du givre qui se sera déposé sur les parois extérieures du verre salé.

Certains l'aiment plus chaud

☞ C'est insupportable ! À chaque fois que je me lave les mains ou, encore pire, que je prends une douche, j'ajuste avec soin la température. Invariablement, dès que je commence à me sentir bien, l'eau devient plus froide et je dois recommencer tout mon mélange. C'est à devenir paranoïaque. Y a-t-il une explication scientifique à cela ?

Oui, et une réponse très simple. Les objets se dilatent lorsqu'ils chauffent. Dans un robinet à compression (le type le plus courant), l'eau passe par une ouverture étroite entre un joint en néoprène et un « siège » en métal. Du côté de l'eau chaude, l'écoulement d'eau chaude fait se dilater le joint, ce qui referme l'ouverture entre le joint et le siège et donc diminuer le débit d'eau. Comme il y a moins d'eau chaude qu'au début, le mélange est maintenant plus froid.

Vous pouvez faire plusieurs choses :

1. Remplacez le joint en néoprène du côté de l'eau chaude par un joint de type « sandwich » : un matériau composite à l'extérieur et du caoutchouc à l'intérieur. La fibre ne se dilate pas autant que le caoutchouc.
2. Ne lésinez pas sur l'eau chaude. Si vous ouvrez davantage le robinet, le léger rétrécissement dû à la dilatation du joint passera inaperçue. Bien sûr, pour obtenir la température désirée, vous devrez également augmenter la quantité d'eau froide.
3. Préchauffez les parties du côté chaud du robinet en laissant l'eau chaude couler quelques secondes. Quand vous règlerez ensuite la température, la dilatation diabolique aura déjà eu lieu.
4. Prenez des douches froides.

Ou, pour aller plus vite, demandez à quelqu'un de tirer la chasse d'eau en même temps que vous prenez une douche. Vous aurez toute l'eau chaude que vous voulez.

Ça monte mais ça ne redescend pas

☞ Le mercure de mon thermomètre médical ne semble pas avoir de problème pour monter, souvent plus haut que je ne l'aimerais, et pour y rester. Mais, pour qu'il redescende, il faut le secouer fortement. Si le mercure est monté si facilement, pourquoi ne redescend-il pas ?

Si vous regardez attentivement, vous verrez un goulot étroit dans le tube capillaire à travers lequel le mercure passe pour monter et descendre. Lorsqu'il monte, le mercure a beaucoup de force pour surmonter la résistance et traverser le goulot; la pression d'un liquide qui se dilate peut être très forte. (Quand de l'eau gèle et se dilate, la pression peut rompre des canalisations en fer ou des murs de béton; voyez p. 210)

Quand vous enlevez le thermomètre de votre bouche et que la température dans le réservoir descend, le mercure ne redescend pas; il reste à son niveau le plus élevé. Le mercure se contracte effectivement dans le réservoir mais il ne peut pas rappeler toute la bande de mercure avec lui car la ligne n'est pas assez résistante; les forces attractives entre les atomes de mercure sont trop faibles pour transmettre la traction. (Si elles étaient beaucoup plus fortes, le mercure serait solide et pas liquide.)

Par conséquent, plutôt que d'être rappelée en bas dans le réservoir, la ligne de mercure se rompt au niveau du resserrement comme un bout de coton se rompant à son point le plus fin. La partie inférieure de la ligne continue à se contracter en direction du réservoir, laissant un espace (du vide, en fait) entre elle et le mercure qui reste échoué au-dessus du goulot, comme un wagon qui se serait détaché du reste du train.

Quand vous secouez le thermomètre, vous lui faites effectuer des arcs de cercle. À cause de la force centrifuge, le mercure se déplace vers l'extérieur du cercle, c'est-à-dire en direction du réservoir, et parvient à surmonter la friction au niveau du resserrement.

Pourquoi les piles meurent-elles ?

☞ **De nos jours, presque tous les appareils fonctionnent avec des piles. Qu'y a-t-il à l'intérieur ? Ce doit être une forme d'électricité mais comment est-elle stockée jusqu'à ce que l'on veuille faire fonctionner un gadget… encore… et encore ?**

Les piles ne contiennent pas d'électricité en tant que telle; elles contiennent le *potentiel* de produire de l'électricité, sous forme de produits chimiques. Ces produits sont isolés l'un de l'autre à l'intérieur de la pile et ne peuvent donc pas réagir avant que l'on insère la pile dans un appareil et qu'on l'allume. À ce moment là, ils réagissent pour produire de l'électricité.

Produire de l'énergie à partir de produits chimiques n'a rien de nouveau. Nous obtenons de la chaleur du bois, du charbon, de l'essence – tous des produits organiques – en les brûlant, c'est-à-dire en leur permettant de réagir avec l'oxygène de l'air. Ces processus de combustion appartiennent à la classe de réactions chimiques qui peuvent servir à produire de l'énergie électrique et pas de la chaleur.

Les chimistes les appellent réactions *redox* (pour réactions d'oxydoréduction). Elles sont très courantes. Par exemple, à chaque fois que vous utilisez des agents blanchissants, il se produit une réaction redox dans votre machine à laver (voyez p. 44). Vous ne voyez pas l'électricité car elle est interne aux produits qui réagissent. Elle est absorbée par certains atomes aussi vite qu'elle est produite par d'autres. Une pile est juste un appareil astucieux qui contrôle la réaction de telle façon que l'on puisse obtenir de l'électricité à chaque fois que l'on en a besoin. Mais voyons tout d'abord ce qu'est l'électricité.

Un courant électrique est un déplacement d'électrons d'un endroit à un autre. Mais d'où viennent les électrons ? Il y a des électrons partout : ce sont les parties externes des atomes. Si l'on veut déplacer un électron d'un endroit à un autre, il doit donc quitter un atome A pour un atome B, comme une puce qui saute de chien en chien.

Cependant, pour que cela soit possible, il faut que A soit prêt à céder un de ses électrons et que B soit prêt à l'accepter.

Les atomes ont différents degrés d'affinité pour leurs électrons. Certains atomes essayent en fait de se débarrasser d'un ou deux de leurs électrons dès qu'ils en ont l'occasion, alors que d'autres s'accrochent fermement aux leurs et essayent même d'en capturer d'autres. Quand un atome du premier type (atome A) rencontre un atome du second type (atome B), ils peuvent effectuer une transaction qui satisfait tout le monde en transférant un ou deux électrons de A à B. C'est, en deux mots, ce qui se passe lors d'une réaction redox.

Ce jeu d'échange d'électrons entre atomes produit de l'électricité à l'échelle microscopique et même atomique. Le problème, de notre point de vue de géants humains, c'est que, si l'on mélange des milliards et des milliards d'atomes de type A avec des milliards et des milliards d'atomes de type B pour obtenir une quantité utilisable d'électricité, cet échange d'électrons se fait d'atome à atome dans toutes les directions, dans une ruée chaotique, à chaque fois qu'un A rencontre un B. Cela ne nous est d'aucune utilité.

Il faut que ces électrons passent d'un groupe important d'atomes A à un endroit à un groupe important – et séparé – d'atomes B à un autre endroit en empruntant la route à sens unique – le circuit – que nous leur fournissons. Ensuite, dans leur empressement à aller des A aux B, les électrons devront se frayer un chemin à travers notre circuit et par la même occasion travailler – pour allumer une ampoule ou animer un petit lapin rose en peluche qui marche tout en tapant sur un tambour.

Pour faire une pile, on fait donc un paquet compact contenant beaucoup d'atomes A et beaucoup d'atomes B, et on les sépare, en général avec une feuille de papier mouillé. Ils ne pourront pas effectuer leur échange d'électrons avant que nous ayons fermé le circuit, c'est-à-dire inséré la pile et fermé un interrupteur qui permet aux électrons de passer des atomes A aux atomes B en traversant et en faisant fonctionner notre gadget.

Les différents types de piles contiennent différents types d'atomes A et B. Les plus courants sont le manganèse, le zinc, le plomb, le lithium, le mercure, le nickel et le cadmium. Dans les piles rondes classiques LR03 (ou AAA, mais aucun lien avec nos atomes « A »),

LR6 (ou AA), LR14 (ou C) et LR20 (ou D), les atomes A sont des atomes de zinc et les atomes B, des atomes de manganèse. Les atomes de zinc donnent leurs électrons aux atomes de manganèse.

La tension de la pile, dans ce cas 1,5 V, est une mesure de la *force* avec laquelle les atomes de zinc transmettent leurs électrons aux atomes de manganèse. Différentes combinaisons de donneurs et de receveurs donnent des piles de différentes tensions, car les atomes ont différents degrés d'enthousiasme quand il s'agit de donner et de recevoir des électrons.

Quand tous les atomes donneurs ont donné leur quota d'électrons aux receveurs, la pile est morte et, malheureusement, le lapin s'arrête.

Les piles au nickel-cadmium, tout comme la batterie de votre voiture (qui est également une pile), sont néanmoins rechargeables : on peut inverser le processus d'échange d'électrons en forçant les électrons à retourner des receveurs aux donneurs ; l'échange peut alors reprendre à partir du début. Malheureusement, chaque recharge occasionne des dommages internes à la pile et même une pile rechargeable n'est pas éternelle.

Vous ne l'avez pas demandé, mais…

☞ Lorsque la pile envoie les électrons à travers notre appareil électrique, les électrons le traversent et retournent à la pile, non ?

Pas exactement. À l'intérieur de la pile, les électrons sont en fait transférés d'un atome à un autre comme des puces qui sautent. Mais ce n'est pas de cette façon que l'électricité passe à travers un fil ou un circuit électrique complexe. Les électrons n'entrent pas simplement à une extrémité d'un fil, sautant d'un atome à son voisin pour en ressortir à l'autre extrémité.

Disons que la tension de la pile pousse les électrons à travers le fil de gauche à droite. Ce qui se produit réellement, c'est que chaque électron pousse son voisin de droite. En effet, ils sont tous chargés négativement et les charges de même signe se repoussent. Ainsi, un électron pousse son voisin vers la droite, qui lui-même pousse son voisin vers la droite, qui pousse *son* voisin et ainsi de suite.

Lorsque la vague de bousculade arrive à l'autre extrémité du fil – ce qui se produit beaucoup plus rapidement que si un électron essayait de traverser la jungle d'atomes du fil – l'effet est exactement le même que si les électrons « du bout de la chaîne » étaient ceux qui étaient partis du « début de la chaîne ». Qui peut faire la différence entre deux électrons, de toute façon ? Pas même un autre électron.

Hors de ma vue, sale tache !

☞ **Comment l'eau de Javel différencie-t-elle le blanc des couleurs ? Apparemment, elle peut s'attaquer à n'importe quelle tache qui ne nous plaît pas, quelle que soit sa composition chimique, et la rendre blanche. Comment sait-elle ce que l'on attend d'elle ?**

L'eau de Javel ne connaît pas le blanc. Ce qu'elle connaît, ce sont les couleurs car les couleurs sont beaucoup plus fondamentales, chimiquement et physiquement parlant, que nos simples goûts humains en matière de lessive. L'eau de Javel attaque les composés chimiques colorés, dont la plupart ont un point commun, et laisse derrière elle une absence de couleur que nous aimons considérer comme « blanche ».

Avant d'être pris pour cible pour avoir appelé « blanc » l'absence de couleur alors que vous avez appris à l'école que le blanc est un mélange de *toutes* les couleurs, laissez-moi vous expliquer.

La lumière du Soleil contient effectivement toutes les couleurs de l'arc-en-ciel – toutes les couleurs que nous, humains, voyons et même d'autres. Quand toutes ces couleurs de lumière sont présentes, comme c'est le cas pour la lumière du jour, notre mécanisme de vision considère que la lumière n'a pas de couleur particulière. Nous l'appelons lumière blanche.

Mais, ça, c'est pour la *lumière*. Que voyons-nous lorsque nous regardons un *objet* éclairé par cette lumière ? Si cet objet renvoie en direction de nos yeux toutes les couleurs qu'il reçoit de la lumière du jour de la même façon, alors la lumière réfléchie n'a pas de couleur particulière pour nous – elle est toujours blanche. On dit que l'*objet lui-même* est blanc car on ne le juge que par la lumière qu'il réfléchit vers nos yeux.

Cependant, si l'objet a un appétit particulier pour, disons, le bleu et qu'il absorbe ou retient certaines composantes bleues de la lumière du jour avant de réfléchir le reste dans notre direction, alors la lumière qui nous parvient a un déficit en bleu. Nos yeux perçoivent une lumière déficiente en bleue comme jaune et nous qualifions donc l'objet lui-même de jaune.

Si l'« objet » en question se trouve être une tache sur notre t-shirt par ailleurs blanc (sans couleur), alors la tache nous apparaît jaune et nous avons recours à notre infaillible eau de Javel pour l'éliminer. Nous faisons de même quand une tache absorbe une autre couleur particulière de lumière, et nous apparaît donc comme colorée.

Sur quoi l'eau de Javel agit-elle donc quand elle supprime la couleur ? Elle agit sur les molécules qui absorbent une couleur particulière, *n'importe quelle* couleur. La question devient la suivante : comment l'eau de Javel fait-elle pour ne s'attaquer qu'aux molécules qui absorbent de la lumière ?

Quand une substance absorbe de l'énergie lumineuse, ce sont en fait ses électrons qui l'absorbent. En absorbant cette énergie, les électrons s'élèvent à un niveau d'énergie supérieur à l'intérieur de leur molécule. Les molécules de nombreuses substances sont colorées car elles contiennent des électrons qui ont des énergies particulièrement basses au départ et sont donc très enclins à absorber de l'énergie lumineuse. Ce que les molécules d'eau de Javel font, c'est engloutir ces électrons de basse énergie pour qu'ils ne puissent plus absorber la lumière : ainsi, les molécules perdent leur capacité à colorer. (En jargon scientifique : les gobeurs d'électrons sont des *agents oxydants ;* l'eau de Javel *oxyde* la substance colorée.)

Le mangeur d'électrons de l'eau de Javel est l'hypochlorite de sodium. L'eau de Javel n'est rien d'autre qu'une solution à 5,25 pour cent de ce produit dissous dans l'eau. Les décolorants en poudre contiennent en général du perborate de sodium, un consommateur d'électrons moins gourmand qui n'attaque pas la plupart des teintes. (Les teintes ne sont, bien sûr, que des taches volontaires, délibérées et tenaces absorbant la lumière.)

On utilise un autre consommateur d'électrons célèbre, le peroxyde d'hydrogène, pour blanchir la mélanine, qui donne leur couleur à la peau et aux cheveux humains. Il est beaucoup utilisé dans la production de blondes.

Chapitre 2

La cuisine

Il n'y a pas d'autre lieu de notre vie quotidienne où il se passe autant de choses mystérieuses que dans la cuisine. C'est ici que l'on mélange, chauffe, refroidit, fait décongeler et, à l'occasion, brûle un assortiment incroyable de viandes, de légumes et de minéraux, en utilisant des appareils qui auraient laissé bouche bée plus d'un alchimiste et auraient ringardisé leurs chaudrons.

Ce n'est pas un hasard si Shakespeare choisit « Flamme, brûle et chaudron, bouillonne ! » pour décrire la manipulation la plus occulte des sorcières de *Macbeth*. Sous la surface de ces opérations familières, il se produit des transformations extraordinaires, des transformations qui auraient fait rêver les alchimistes, mais que l'on peut aujourd'hui expliquer en termes très simples – maintenant que nous connaissons l'existence des molécules.

Pensez-vous déjà savoir ce qui se produit dans une casserole – ou un chaudron – d'eau qui bout ? Réfléchissez-y. Nous allons commencer par examiner de près cette casserole pour voir ce qui s'y passe.

Qu'est-ce que le point d'ébullition ?

☞ Quand je mets une casserole d'eau sur mes plaques, je règle le feu au maximum car je suis toujours pressé(e). Mais, quand l'eau commence à bouillir, je dois baisser le feu pour éviter les projections. Je veux que l'eau soit aussi chaude que possible pour qu'elle cuise rapidement les aliments. Y a-t-il un moyen pour faire davantage chauffer l'eau sans avoir à éponger après ?

Désolé mais, une fois que l'eau liquide a commencé à bouillir, elle a atteint sa température limite, même si vous utilisez un lance-flammes. Quelle que soit la vigueur avec laquelle vous mettez l'eau à bouillir, la température de l'eau ne dépassera pas son *point d'ébullition* : plus ou moins 100 °Celsius (pour le « plus ou moins », voyez p. 219).

Que se passe-t-il à l'intérieur de l'eau lorsque vous la faites chauffer pour qu'elle bouille. Quand vous commencez à la faire chauffer, sa température monte, c'est-à-dire que les molécules d'eau reçoivent de la chaleur et s'agitent de plus en plus vite. Finalement, certaines molécules auront tellement d'énergie qu'elles se sépareront de leurs voisines, auxquelles elles étaient liées par des forces d'attraction très importantes. Les molécules énergétiques peuvent même bousculer leurs voisines pour avoir plus de place – ce sont des bulles de vapeur d'eau, qui naissent et éclatent à la surface. Nous ne pouvons pas voir cette eau gazeuse avant qu'elle ait quitté la surface, refroidi un peu et se soit condensée sous forme de minuscules gouttelettes d'eau que nous appelons vapeur d'eau.

On désigne ce processus complexe par le terme « ébullition ». L'eau absorbe la chaleur que vous lui donnez et l'utilise pour passer de sa phase liquide à sa phase gazeuse.

Transformer de l'eau liquide en vapeur d'eau nécessite de la chaleur car il faut de l'énergie pour séparer les molécules les unes des autres. Si les molécules ne collaient pas les unes aux autres, l'eau ne serait pas liquide, elle serait toujours gazeuse, c'est-à-dire sous forme de molécules volantes flottant indépendamment les unes des autres. Chaque liquide a son propre degré d'adhérence entre molécules, donc sa propre énergie de libération et donc sa propre température d'ébullition. Il faut une température de 100 °C pour séparer les molécules d'eau.

Maintenant, augmentons le feu. À chaque seconde, plus vos plaques de cuisson fournissent de la chaleur, plus le nombre de molécules qui acquièrent suffisamment d'énergie pour se libérer et se transformer en gaz à chaque seconde est grand. L'eau bout plus vigoureusement et s'évapore donc plus vite.

Mais toute cette chaleur supplémentaire *ne* fait *pas* augmenter la température de l'eau car une molécule emporterait avec elle toute l'énergie supplémentaire qu'elle pourrait acquérir au-delà de celle dont elle a besoin pour se libérer. Dès qu'une molécule reçoit plus d'énergie qu'il ne lui en faut pour se libérer, elle part avec une vitesse plus élevée que la normale. L'énergie supplémentaire – et la température plus élevée qui y est associée (voyez p. 247) – disparaît avec la vapeur et ne reste pas dans le liquide dans la casserole. La température du liquide reste la même – elle est égale au « point d'ébullition » de l'eau – jusqu'à ce que toute l'eau se soit évaporée.

Morale : vos spaghettis ne cuiront pas plus vite si vous mettez le gaz au maximum. Économisez de l'énergie.

Voyez par vous-même

Vous pouvez le vérifier par vous-même en plaçant un thermomètre à viande (enfilez une manique) juste au-dessus d'une casserole d'eau bouillante et dans l'eau elle-même, quand cette dernière bout gentiment ou lorsqu'elle bout vigoureusement. La température de l'eau sera la même dans les deux cas mais la vapeur sera un peu plus chaude lorsque l'ébullition est plus importante.

Brève de comptoir

Quelle que soit la chaleur de la flamme qui fait bouillir de l'eau, la température de cette dernière ne dépasse pas 100 °C.

L'étouffement du « water-gate »

☞ J'ai remarqué que l'eau bout plus vite lorsqu'on couvre la casserole. Je suppose que le couvercle conserve un peu de la chaleur qui serait autrement perdue, mais quel genre de chaleur ? Il n'y a pas de vapeur à perdre avant que l'eau ne bouille vraiment, n'est-ce pas ?

Si, il y a de la vapeur d'eau. Bien avant que vous ne voyiez de la buée, constituée de petites gouttelettes d'eau, l'eau libère beaucoup de vapeur chaude et invisible – des molécules d'eau libres, qui volent dans l'air sous forme gazeuse. (Vapeur et gaz désignent la même chose : on a tendance à appeler un gaz « vapeur » si l'on sait qu'il provient d'un liquide qui s'est récemment évaporé.)

Il y a toujours de la vapeur d'eau au-dessus d'eau liquide. (Vous avez entendu parler de l'humidité ?). C'est parce qu'il y a toujours des molécules d'eau à la surface du liquide qui ont une vitesse et une énergie suffisantes pour se libérer de l'attraction de leurs voisines et s'envoler. Plus la température de l'eau est élevée, plus il y a de la vapeur car plus le nombre de molécules qui se déplacent assez vite – qui sont assez chaudes – pour s'échapper est élevé. Ainsi, lorsque l'eau chauffe dans la casserole, le nombre de molécules chaudes de vapeur d'eau dans l'air au-dessus du liquide augmente.

Comme les molécules de vapeur d'eau ont progressivement de plus en plus d'énergie à mesure que la température de l'eau monte, il devient de plus en plus important de ne pas les laisser s'échapper. Le couvercle de la casserole bloque la sortie, pour ainsi dire, empêchant la plupart des molécules de s'enfuir et les renvoyant, avec toute leur énergie de chaleur, directement dans la casserole. Ainsi, l'eau atteint son point d'ébullition plus rapidement.

À moins, bien sûr, que vous ne regardiez la casserole.

Trop d'ions dans le feu

☞ J'ai entendu dire que, si l'on met du sel dans de l'eau qui bout, cela fait augmenter sa température. Ça me semble impossible mais, si c'est vraiment le cas, d'où vient l'énergie supplémentaire ?

C'est étrange, mais c'est vrai. L'eau bouillante commencera effectivement à bouillir à une température plus élevée dès que le sel se sera dissous.

À chaque fois que vous ajoutez 29 grammes de sel dans un litre d'eau, sa température d'ébullition augmente de 0,5 °Celsius. Ce n'est pas énorme mais c'est néanmoins une augmentation. Comme l'augmentation de la température est faible, saler l'eau de vos spaghettis ne vous fera pas gagner beaucoup de temps. On ajoute du sel surtout pour le goût mais certains prétendent que le sel donne une texture plus ferme aux pâtes.

Voyez par vous-même

Avec un thermomètre à viande, testez la température d'ébullition d'un litre d'eau dans une casserole. Ajoutez maintenant 175 g de sel dans l'eau et remuez pour le dissoudre. Une fois le sel dissous et l'eau à nouveau en ébullition, mesurez la température. Elle devrait avoir augmenté de 3 degrés.

Cette « chaleur supplémentaire » à l'origine de l'augmentation de température ne peut pas, de toute évidence, provenir du sel que vous avez ajouté, qui était à température ambiante. Mais la plaque de votre cuisinière fournit beaucoup plus d'énergie qu'il n'en faut à l'eau pour bouillir. (On la sent un peu partout autour, n'est-ce pas ?) Il y a donc beaucoup de chaleur disponible pour l'eau si elle décide d'augmenter sa température d'ébullition. La vraie question est donc : pourquoi choisirait-elle de le faire ?

Un liquide bout lorsque ses molécules ont suffisamment d'énergie pour se libérer les unes des autres et s'élever dans l'air. Quand du sel (du chlorure de sodium) se dissout dans l'eau, il se sépare en atomes de sodium et de chlore chargés électriquement. (En jargon scientifique : en *ions* sodium et chlorure.) Ces particules chargées font deux choses.

Tout d'abord, elles se glissent entre les molécules d'eau, diminuant ainsi la capacité de ces dernières à se frayer un chemin vers la surface de l'eau pour s'envoler. C'est comme si les molécules d'eau essayaient de sortir d'un bus qui se serait subitement rempli. Elles ont donc besoin d'une poussée supplémentaire, d'un peu plus d'énergie pour pouvoir s'échapper. Elles ont donc besoin d'une température plus élevée pour bouillir.

La deuxième chose que font les particules chargées de sodium et de chlore, c'est de rassembler autour d'elles des groupes de molécules d'eau, qu'elles portent comme des combinaisons encombrantes où qu'elles aillent. Les particules chargées peuvent attirer les molécules d'eau car ces dernières sont elles-mêmes légèrement chargées, positivement d'un côté et négativement de l'autre (voyez p. 69). (En jargon scientifique : les molécules d'eau sont *polaires*.) Leur extrémité positive est attirée par les particules négatives de chlore et leur extrémité négative est attirée par les particules positives de sodium.

En raison de ces regroupements, les particules de sodium et de chlore retirent de la circulation un grand nombre de molécules d'eau. Pour que ces molécules d'eau agglomérées bouillent, il faut qu'elles se libèrent du sodium et du chlore – qu'elles sortent de leur combinaison – et c'est plus difficile que de se libérer des autres molécules d'eau. D'où une augmentation du point d'ébullition.

Ces remarques ne se limitent cependant pas au sel. Dissoudre *quoi que ce soit* dans l'eau – du sucre, du vin, de la sauce de poulet, tout ce que vous voulez – gênera de même le mouvement des molécules d'eau et aura parfois le même effet d'agrégation des molécules. Ne dites donc jamais que votre soupe de poulet bout à 100 °C juste parce que c'est la valeur que vous avez apprise à l'école pour l'eau pure. Elle est un peu plus élevée à cause de tous les produits dissous dans la soupe.

De toute façon, l'eau ne bout à 100 °C que lorsque la météo est favorable (voyez p. 219). Et, s'il y a beaucoup de sucre dans l'eau, des choses encore plus étranges peuvent se produire (voyez p. 55).

Une casserole qu'on regarde ne bout jamais

☞ **Pourquoi les recettes de ragoût disent-elles de faire mijoter et non pas bouillir ? Quelle est la différence, de toute façon ? Est-ce que mijoter ne signifie pas bouillir lentement ?**

Pas exactement. La différence entre « faire mijoter » et « faire bouillir » va plus loin que la simple vigueur des bulles. Lorsque l'on fait mijoter, le but est de produire une température légèrement inférieure à celle de la vraie ébullition car une différence de température de seulement quelques degrés peut entraîner une vraie différence sur la cuisson des aliments.

Dans la cuisson à l'eau – par opposition au rôtissage – il n'y a qu'une faible gamme de températures disponibles et obtenir exactement la bonne température peut être délicat.

Après tout, la cuisson consiste en une série de réactions chimiques complexes, et la température influence toutes les réactions chimiques de deux façons : elle détermine quelles réactions spécifiques se produisent et la vitesse à laquelle elles se déroulent. Tout le monde connaît l'effet général de la température sur la cuisson : plus la température est élevée, plus la cuisson est rapide. Mais il est également vrai que différentes choses se produisent dans les aliments lorsqu'on les cuit à des températures même proches car différentes réactions chimiques peuvent se produire.

La question de la température est particulièrement importante pour la cuisson des viandes à l'eau. Les viandes s'attendrissent, durcissent et sèchent (même lorsqu'elles baignent dans une sauce) selon la température. La température d'une ébullition complète, par exemple, fait durcir la viande mais une température légèrement inférieure l'attendrit. Il a fallu beaucoup de temps et d'expérience pour déterminer les méthodes qui marchent le mieux selon les plats et il est donc important de respecter les méthodes de cuisson recommandées.

L'ébullition franche – beaucoup de bulles, comme lorsque l'on fait cuire des pâtes – est un indicateur infaillible de la température : le point d'ébullition de l'eau. Il impose une limite supérieure à la température à laquelle on peut faire cuire des aliments dans l'eau car la température de l'eau liquide ne peut jamais dépasser son point d'ébullition, quelle que soit la vigueur avec laquelle on la chauffe (voyez p. 48). Toutes ces bulles à la surface nous indiquent très clairement que notre nourriture cuit à environ 100 °Celsius, en fonction des conditions (voyez p. 5, 217 et 219).

Toutefois, de nombreuses réactions de cuisson intéressantes se produisent à des températures plus basses. Plus basses de combien ? Cela dépend de ce que vous cuisez. La seule limite inférieure importante est la température qui permet d'éliminer la plupart des germes, soit environ 80 °C. Le problème est le suivant : comment obtenir l'une de ces températures faibles de manière fiable lorsqu'on en a besoin ? Il n'y a pas de signes évidents à surveiller, comme l'apparition de bulles et on ne peut pas passer son temps à plonger un thermomètre dans la casserole.

Quand les livres de cuisine veulent indiquer une température inférieure à celle de l'ébullition, ils utilisent des termes comme mijoter, cuire à feu doux, frissonner ou frémir. Ils agitent ensuite les bras pour essayer de décrire ce que ces mots sont censés signifier. En vain. Si vous regardez « mijoter » dans un livre de techniques de cuisine, vous pourrez lire que ce terme désigne toutes les températures entre 57 °C et 99 °C (Bonne chance ! La dangereuse bactérie *Salmonella* ne meurt pas avant 60 ou 65 °C).

Mais essayer de définir une température de « mijotage » standard n'a de toute façon aucun sens car la température dans une casserole varie d'un endroit à un autre et d'un moment à un autre. Parmi les facteurs qui ont une influence sur la température de la nourriture, citons la taille, la forme et l'épaisseur de la casserole, sa nature, la constance de la source de chaleur, le contact entre le brûleur et la casserole, la quantité de nourriture et de liquide dans la casserole, et les caractéristiques de la nourriture elle-même.

Il n'y a qu'un moyen de bien faire mijoter un plat : oubliez la température et concentrez-vous sur votre ragoût. Ajustez avec soin la casserole, le couvercle et la source de chaleur de sorte que les bulles n'atteignent la surface que *de temps en temps*. Cela signifie que la température *moyenne* dans la casserole est légèrement inférieure au point d'ébullition et c'est exactement ce que l'on veut. Les points chauds occasionnels ici et là envoient des bulles occasionnelles vers la surface, juste pour vous prévenir que votre ragoût n'est pas trop froid. Rappelez-vous que, lors d'une véritable ébullition, presque *toutes* les bulles atteignent la surface Si la température est un peu inférieure au point d'ébullition, des bulles peuvent se former au fond de la casserole mais être réabsorbées avant d'être arrivées jusqu'à la surface. C'est ce qui se produit lorsqu'un plat mijote.

Et le terme « pocher » ? Le terme « pocher » signifie plonger un aliment dans l'eau bouillante mais on l'applique en général aux œufs et au poisson. Cuire un œuf mollet consiste à le plonger dans de l'eau bouillante avant d'éteindre le feu. La température baisse régulièrement à mesure que l'eau refroidit, si bien que la température finit par être la plus gentille et la plus douce de toutes. Il en résulte un œuf on ne peut plus dorloté, choyé et gâté.

Le thermomètre grimpe

☞ Comment se fait-il que le sirop de sucre puisse devenir de plus en plus chaud à mesure qu'on le cuit alors que ce n'est pas le cas de l'eau pure ? Ou serait-ce également le cas ?

Vous avez fait des confiseries, non ?

Les recettes de bonbons vous disent de faire bouillir du sirop de sucre jusqu'à ce qu'il atteigne plusieurs températures, que l'on mesure avec un thermomètre à bonbons : l'étape du « petit boulé » (si on le roule entre ses doigts, le sucre forme une boule molle) à environ 115 °Celsius, l'étape « petit jaune » à environ 155 °C (le sucre commence à jaunir, c'est-à-dire qu'il commence à brûler car il a perdu son eau) et ainsi de suite. (Vous trouverez des températures différentes pour les étapes selon les livres). Plus vous le faites bouillir longtemps et plus le sirop devient épais et la température, élevée. Mais vous pouvez faire bouillir de l'eau pure aussi longtemps et aussi fort que vous voulez, sa température n'augmentera pas au-delà d'un certain point (voyez p. 48).

De toute évidence, il se passe dans ce sirop de sucre quelque chose de très différent de ce qui se passe dans de l'eau bouillante.

Dès que l'on dissout quelque chose – à peu près tout – dans de l'eau, la température d'ébullition monte. Et le sucre ne fait pas exception. Ainsi, un mélange eau-sucre bouillira à une température plus élevée que l'eau pure. Plus la solution est concentrée ou, en d'autres termes, plus l'eau contient de produit dissous, plus la température d'ébullition augmente (voyez p. 51).

Par exemple, une solution de deux tasses de sucre et d'une tasse d'eau (oui, c'est possible, voyez p. 77) ne commencera à bouillir qu'à 103 °C et pas à 100 °C. Mais, si vous continuez à chauffer le mélange, beaucoup de molécules d'eau s'évaporeront sous forme de vapeur et la solution deviendra de plus en plus concentrée. La proportion de sucre par rapport à l'eau deviendra de plus en plus importante; ainsi, plus vous faites bouillir le mélange et plus sa température augmente. Pour cette raison, les recettes de bonbons peuvent utiliser la température pour indiquer la concentration du sirop de sucre et donc sa consistance une fois refroidi.

Si vous faites bouillir du sirop de sucre suffisamment longtemps, toute l'eau finira par s'évaporer et il ne vous restera plus que du sucre pur, à une température d'environ 185 °C. À peu près au même moment, il commencera à *caraméliser*, un mot poli qui décrit la destruction des molécules de sucre en un assortiment complexe d'autres produits aux saveurs fascinantes malgré leur composition chimique effroyable. La transition du jaune au marron correspond à l'accumulation de particules de carbone plus grosses et plus nombreuses, qui sont le produit de décomposition ultime du sucre. Chauffez cependant votre sucre juste un peu trop longtemps et vous obtiendrez un gâchis carbonisé noir de charbon toujours sucré mais tout à fait immangeable.

Un œuf à point, pas si évident

☞ Plus je cuis un œuf, plus il devient dur. Plus je cuis une pomme de terre, plus elle devient molle. Pourquoi la chaleur a-t-elle des effets aussi différents selon les aliments ?

Pour répondre rapidement, on peut dire que la cuisson durcit les protéines et ramollit les glucides. Nous laisserons la viande en dehors du débat car la dureté ou la tendresse d'un morceau de viande dépendent d'une façon très complexe de la structure musculaire de l'animal (voyez p. 59), de quelle partie de l'animal il s'agit et de la façon précise dont on le cuit. Par exemple, pendant la cuisson, une viande peut au départ devenir plus tendre pour durcir ensuite. Mais le cas de votre œuf et de votre pomme de terre s'expliquent uniquement par la différence des effets que la chaleur exerce sur les protéines et sur les glucides.

Examinons tout d'abord cet œuf de près. Les œufs ont une composition plutôt inhabituelle, en lien avec la fonction unique qu'ils occupent dans la vie. Si on jette la coquille d'un œuf de poule et que l'on enlève l'eau qui est à l'intérieur, la matière séchée qui reste contient environ une moitié de protéines et une moitié de graisses (lipides), et virtuellement aucun glucide. Le jaune d'œuf séché contient 70 pour cent de lipides alors que le blanc séché contient 85 pour cent de protéines. Vous savez que la chaleur n'affecte pas beaucoup la consistance des lipides. Nous nous concentrerons donc sur les protéines de l'œuf pour l'instant. Et vous savez également que nous n'allons pas nous en sortir sans regarder ce que font les molécules, d'accord ?

L'albumine de l'albumen – je suis sérieux : le blanc d'œuf s'appelle *albumen* et il contient une protéine appelée *albumine* – est une molécule longue et fine repliée sur elle-même comme une sorte de boule de fil. Quand on les chauffe, ces boules se démêlent partiellement puis collent les unes aux autres à différents endroits, formant un enchevêtrement sans nom de vers soudés. (En jargon scientifique : les molécules sont *réticulées*.)

Mais, quand les molécules d'une substance, au départ sous forme de boules indépendantes, se transforment en un enchevêtrement soudé, la substance en question perd de toute évidence sa fluidité. Elle devient également opaque car même la lumière ne peut la traverser.

L'albumen liquide d'un œuf coagule et se transforme en gel ferme opaque et blanc lorsqu'on le chauffe approximativement à 65 °C. Plus on le chauffe et plus cela dure longtemps, plus il y aura de molécules à se dérouler et se souder les unes aux autres. Ainsi, plus vous cuisez un œuf longtemps, plus il deviendra ferme et blanc, sa consistance pouvant aller de gluante pour un œuf à la coque à caoutchouteuse pour un œuf dur ou même à la dureté du cuir pour un œuf « maison » trop cuit dans un mauvais restaurant. Le fait que l'œuf s'assèche à haute température contribue également à son durcissement.

La protéine du jaune d'œuf coagule plus ou moins de la même façon mais pas avant une température un peu plus élevée. De plus, les lipides abondants du jaune agissent comme un lubrifiant entre les boules de protéines, si bien que ces dernières ne peuvent pas se souder aussi facilement et que le jaune ne peut pas devenir aussi dur que le blanc, même dans un œuf dur.

Intéressons-nous maintenant aux pommes de terre et à tous les aliments qui contiennent beaucoup de glucides. L'amidon et les sucres cuisent facilement. Ils se dissolvent même dans l'eau chaude pour accélérer le processus. Quand vous cuisez des pommes de terre, une partie de l'amidon se dissout dans la vapeur d'eau.

Mais il existe un glucide très résistant et très insoluble, présent dans tous nos fruits et légumes : la cellulose. Les parois cellulaires des plantes sont constituées de fibres de cellulose liées par un ciment de pectine et d'autres glucides hydrosolubles. C'est cette structure qui rend les légumes comme le chou, les carottes, le céleri – et les pommes de terre – si fermes et croquants. Mais faites cuire ces gaillards endurcis et ils se ramolliront. Le ciment de pectine se dissout dans les liquides libérés par la chaleur, ce qui affaiblit considérablement la structure rigide de cellulose. C'est la raison pour laquelle les légumes cuits sont plus mous que les légumes crus.

Le poisson : la vraie viande blanche

☞ **Pourquoi le poisson est-il généralement blanc alors que la plupart des viandes sont rouges ? Et pourquoi le poisson cuit-il si rapidement comparé à d'autres viandes ?**

En tout cas, ce n'est pas parce que le poisson a mariné toute sa vie. La chair de poisson est différente de celle de la plupart des créatures qui marchent, ondulent et volent, et ce pour plusieurs raisons.

Tout d'abord, on ne peut pas dire que croiser dans l'eau constitue un réel exercice de musculation, du moins comparé au fait de galoper à travers les plaines ou de voler dans les airs. Les muscles de poissons ne sont donc pas aussi développés que ceux des autres animaux. Les éléphants, par exemple, doivent fournir énormément d'efforts pour simplement lutter contre la gravité, si bien que leurs muscles très développés sont extrêmement durs et que, vous vous en doutez, il faut les cuire pendant très longtemps pour les attendrir.

Le plus important est que les tissus musculaires des poissons sont fondamentalement différents de ceux des autres animaux terrestres. Pour échapper à leurs prédateurs, les poissons ont besoin de pouvoir accélérer de façon fulgurante, par opposition à l'endurance dont la plupart des autres animaux ont besoin pour courir. Les muscles des poissons sont donc en majorité constitués de fibres musculaires à contraction rapide. (Les muscles sont en général regroupés en faisceaux de fibres.) Ces dernières sont plus fines et plus courtes que les grandes fibres à contraction lente des muscles de la plupart des animaux terrestres. Elles sont donc plus faciles à rompre mécaniquement, par exemple par mastication, ou chimiquement, par exemple par la cuisson. Le poisson est même suffisamment tendre pour qu'on le mange cru, comme dans les sashimis, mais il faut hacher un steak tartare pour le rendre vulnérable à nos molaires omnivores.

Une autre raison importante pour laquelle les poissons sont plus tendres que les autres animaux, c'est qu'ils se déplacent dans un environnement où ils ne sentent quasiment pas leur propre poids (voyez p. 195). Ils ont donc moins besoin de tissus conjonctifs – le cartilage, les tendons, les ligaments, etc. – que les autres créatures pour lier les différentes parties de leur corps et les rattacher au squelette. Les poissons sont donc presque uniquement composés de muscles et d'aucun de ces matériaux durs qu'il faut ramollir à la cuisson.

Pour ces raisons, la chair de poisson est si tendre que le principal problème est de ne pas la faire trop cuire. Il faut la faire cuire uniquement jusqu'à ce que les protéines coagulent et deviennent opaques. Il se passe à peu près la même chose pour le blanc d'œuf (voyez p. 57). Ils deviennent tous les deux durs et secs si on les fait trop cuire.

Pourquoi la chair du poisson est-elle blanche ? Les poissons n'ont pas beaucoup de sang, c'est sûr, et le peu de sang qu'ils ont est concentré au niveau des branchies. Mais, au moment où n'importe quel animal arrive dans notre assiette, il ne contient de toute façon presque plus de sang. La réponse est (encore) liée à l'activité musculaire différente des poissons. Comme leurs muscles à contraction rapide n'opèrent que par saccades très courtes, ils n'ont pas besoin de stocker d'oxygène en vue d'une activité prolongée. Les muscles à contraction lente des autres animaux doivent stocker de l'oxygène pour avoir de l'endurance, et cela se fait sous forme de *myoglobine*, un composé rouge qui devient marron au contact de l'air ou de la chaleur. C'est la myoglobine, et non le sang, qui donne sa couleur rouge à la viande (voyez p. 131).

Comment arrêter de fumer ?

☞ **Que se passe-t-il quand je clarifie du beurre ? Et pourquoi dois-je le faire ?**

Vous le faites pour vous débarrasser de tout excepté de la (miam, miam) graisse saturée pure.

Certains considèrent le beurre comme un bloc de gras enveloppé dans la culpabilité. Mais, culpabilité ou pas, ce n'est pas que du gras. C'est une émulsion solide composée de trois produits – un mélange stable de composants huileux et aqueux, contenant certains solides. Quand vous clarifiez du beurre, vous séparez le gras et jetez tout le reste. Votre objectif est de pouvoir faire frire des aliments à une température plus élevée qu'habituellement sans que ça brûle ou que ça fume car les composés aqueux limitent la température et les solides ont tendance à brûler et à produire de la fumée.

Dans une poêle, du beurre complet commence à fumer à environ 120 °Celsius et les protéines solides qu'il contient commencent à carboniser et à brunir. Une façon de minimiser ces phénomènes est de « protéger » le beurre dans la poêle avec un peu d'huile de cuisson, qui commence à fumer à une température plus élevée. Encore mieux, vous pouvez utiliser du beurre clarifié. L'huile du beurre elle-même ne commence pas à fumer avant environ 175 °C et il n'y aura pas de solide à roussir. Le problème, c'est qu'une bonne partie de la saveur du beurre provient de la caséine et des autres protéines solides que vous jetez.

Voyez par vous-même

Pour clarifier du beurre, tout ce que vous avez à faire, c'est le faire fondre très lentement à une température aussi basse que possible. (Rappelez-vous qu'il roussit facilement.) La graisse, l'eau et les solides vont se séparer en trois couches : une mousse de caséine sur le dessus, l'huile au milieu et un sédiment aqueux de solides du lait (le petit-lait) au fond. Écrémez le dessus et décantez l'huile dans un autre récipient. Si vous ne voulez pas jeter la mousse de caséine goûteuse, conservez-la pour parfumer vos légumes.

Une autre raison de clarifier le beurre, c'est que les bactéries se développent dans la caséine et le petit-lait mais pas dans la graisse pure, si bien que le beurre clarifié se conserve beaucoup plus longtemps que le beurre complet. En Inde, on conserve le beurre soigneusement clarifié pendant de longues périodes et ce sans le réfrigérer. Il finit cependant par devenir rance car l'air oxyde les lipides insaturés. Mais le rance n'est qu'une saveur aigre et non une contamination bactérienne. Les Tibétains préfèrent consommer leur beurre de yak rance.

Vous ne l'avez pas demandé, mais…

☞ Qu'est-ce que le beurre fondu servi avec le homard et d'autres fruits de mer au restaurant ?

C'est du beurre fondu, tout simplement. Il a peut-être été clarifié (il a été fondu lentement et seule la graisse a été conservée) mais peut-être pas. Et il se peut même que ce soit de la margarine. Parfois, il a été épaissi et assaisonné.

Les bulles et la cuisson

☞ Dans mes placards, il y a deux produits chimiques en poudre : de la levure chimique et du bicarbonate de soude. Je sais qu'ils ont des utilisations différentes, mais en quoi consistent ces produits chimiques et comment fonctionnent-ils ?

La réponse courte, c'est que le bicarbonate de soude est un composé chimique pur alors que la levure chimique est un mélange de ce produit avec un ou deux autres.

(Si vous voulez vraiment le savoir, la levure est composée de bicarbonate de sodium alors que le bicarbonate de soude est du bicarbonate de sodium plus un acide ou deux : de l'acide tartrique (E334), du tartrate de potassium (E336), du phosphate de calcium (E341) du pyrophosphate de sodium (E450), par exemple, et, si elle a un « double effet », du sulfate d'aluminium sodique (E521)).

Cela fait beaucoup de produits chimiques dans nos aliments ? Eh bien, si vous voyiez les formules chimiques de tous les protides, glucides, lipides, vitamines et minéraux contenus dans la nourriture, vous arrêteriez de manger. Les produits chimiques sont comme les cow-boys : il y a les chapeaux noirs et les chapeaux blancs, et il faut juste choisir ses amis et ses ennemis de façon intelligente.

Jusqu'ici, même les plus ardents défenseurs des aliments naturels n'ont rien trouvé à redire sur les composés chimiques de votre petit sachet de levure. Dans tous les noms chimiques cités plus haut, vous aurez peut-être reconnu le sodium, le potassium, le calcium, le phosphore, le souffre et l'aluminium, qui sont tous non seulement sans danger mais également (sauf éventuellement l'aluminium) indispensables à la vie. Et tous les atomes de carbone, d'oxygène et d'hydrogène dans ces produits se transforment essentiellement en inoffensif dioxyde de carbone et en eau quand ils cuisent dans votre four.

La clé de ce mécanisme est le terme *carbonate*. Un carbonate se transforme en dioxyde de carbone gazeux quand il est provoqué par de la chaleur ou par un acide. Et c'est la raison pour laquelle nous utilisons des carbonates en cuisine : ils font lever les pâtes à pain et les gâteaux en libérant du dioxyde de carbone gazeux. Le terme *levain* provient du latin *levere*, qui signifier alléger ou soulever.

La levure fait lever les plats en produisant des millions de minuscules bulles de dioxyde de carbone à l'intérieur de la pâte et en la faisant mousser. Quand cette mousse se durcit sous l'influence de la chaleur du four, les bulles se font piéger. Il en résulte un biscuit ou un gâteau léger et aéré, et pas un morceau durci de pâte farineuse.

Le bicarbonate de sodium produit du dioxyde de carbone en réagissant avec n'importe quel ingrédient acide qui se trouve à portée de main, comme le vinaigre, le yaourt ou le beurre. Il ne libère pas de dioxyde de carbone par lui-même avant 270 °Celsius. En revanche, il réagit avec les acides dès qu'il entre en contact avec eux : on peut voir des bulles se former dans de la pâte avant même que le gâteau soit au four.

Voyez par vous-même

Versez du vinaigre sur un peu de bicarbonate de soude dans un verre et regardez le mélange produire de copieuses bulles de dioxyde de carbone et mousser. Le vinaigre est une solution aqueuse d'acide acétique.

La levure est un mélange sec tout prêt de bicarbonate de sodium et d'acide; il n'y a donc pas besoin d'ajouter d'acide pour déclencher la réaction. Dès que l'on mouille la levure, les deux composés se dissolvent et produisent du dioxyde de carbone.

Plusieurs produits chimiques font office d'acide dans la levure : le calcium hydrogénophosphate (en général appelé phosphate de calcium sur les étiquettes), l'acide tartrique et le potassium hydrogénotartrate (crème de tartre) sont les plus courants. Pour empêcher ces ingrédients de réagir prématurément dans le sachet, ils sont dilués avec beaucoup de maïzena, qui les maintient séparés les uns des autres jusqu'à ce qu'ils se dissolvent dans votre saladier. De plus, il faut bien les protéger de l'humidité atmosphérique en les mettant dans un récipient hermétique.

Voyez par vous-même

Mettez de la levure dans un peu d'eau et regardez le mélange faire des bulles de dioxyde de carbone. Si tel n'est pas le cas, votre levure est périmée peut-être parce qu'elle a pris l'humidité et réagi lentement dans sa boîte. Jetez-la et rachetez-en.

Dans la plupart des cas, on ne veut pas que notre levure libère toutes ces bulles de gaz dès qu'on la mélange avec notre pâte, avant qu'elle ait suffisamment durci pour emprisonner les bulles. On donne donc un « double effet » aux levures, ce qui signifie qu'elles ne libèrent qu'une fraction des bulles pendant le mélange et le reste uniquement lorsque la température est assez élevée, dans le four. Les levures à « double effet » (la majorité des levures) contiennent en général du sulfate d'aluminium et de sodium, qui se comporte comme un acide à haute température.

La cuisson est une affaire très complexe; des réactions chimiques beaucoup plus nombreuses que le seul levage se produisent. Au fil des années, on a découvert des agents de levage mieux adaptés à telle ou telle recette, des crêpes aux biscuits en passant par des millions de sortes de pains et de gâteaux. Les températures et moments exacts auxquels les bulles doivent être libérées ont été soigneusement mis au point par essai et erreur. Ne changez donc pas la recette. Paradoxalement, personne ne veut d'un pancake plat comme pancake.

À fond

☞ Pourquoi puis-je faire fondre du sucre mais pas du sel ?

Qui a dit qu'on ne pouvait pas faire fondre du sel ? Tous les solides fondent si la température est suffisamment élevée. La lave est de la roche fondue, non ? Si vous voulez faire fondre du sel, il faudra faire chauffer votre four à 801 °Celsius, ce qui fera flamboyer votre cuisine d'une jolie couleur rouge. Votre four ne fondra pas avant 1 500 °C.

Bien sûr, ce que vous voulez dire, c'est que le sucre fond beaucoup plus facilement que le sel – c'est-à-dire à une température beaucoup plus basse. Le sucre fond à seulement 185 °C. La question est évidemment la suivante : pourquoi ? Qu'est-ce que ces deux produits courants, blancs et en poudre de notre cuisine ont de si différents ? Ce sont tous deux des composés chimiques purs et ils ont peut-être une apparence similaire mais ils appartiennent à deux royaumes chimiques différents.

On connaît plus de onze millions de composés chimiques, qui ont tous des propriétés propres. Dans un effort pour donner un sens à la grande variété de substances sans devenir complètement fous (ça a marché pour la plupart d'entre eux), les chimistes commencent par les diviser en deux grandes catégories : organique et inorganique.

Les composés organiques sont ceux qui contiennent du carbone. On les trouve surtout dans les organismes vivants ou des produits qui en sont issus, comme le pétrole et le charbon.

Les composés inorganiques sont… euh… tout ce qui n'est par organique. La plupart des aliments, des médicaments et des produits chimiques issus du vivant – y compris les sucres – sont organiques, alors que les rochers et les minéraux – y compris le sel – sont inorganiques.

S'il existe une généralisation possible sur les propriétés physiques des composés organiques et inorganiques (il y a bien sûr des exceptions), c'est celle-là : les substances organiques sont en général molles alors que les inorganiques sont en général dures. En effet, les molécules qui composent les substances organiques sont des groupements d'atomes électriquement neutres, alors que celles qui composent les substances inorganiques sont en général des *ions* : des groupes d'atomes chargés électriquement. L'attraction entre charges opposées est plus forte que celle entre molécules neutres (entre deux et vingt fois plus forte). Ainsi, les substances inorganiques sont beaucoup plus difficiles à rompre – il est plus difficile d'en séparer les particules – que les substances organiques. Vous avez peut-être remarqué qu'il est beaucoup plus difficile de graver un rocher qu'un arbre.

Que se passe-t-il quand un solide fond ? C'est vraiment comme si on le cassait. Les molécules s'agitent tellement du fait de la chaleur qu'elles finissent par se séparer les unes des autres, et le solide se transforme peu à peu en liquide. De toute évidence, les molécules organiques faiblement liées devraient être capables de commencer à couler à une température beaucoup plus faible car elles n'ont pas besoin de s'agiter autant pour se libérer les unes des autres. Ainsi, les substances organiques fondent généralement à des températures plus basses que les substances inorganiques.

Le sucre (saccharose) est un composé organique tout à fait typique, composé de molécules neutres. Le sel (chlorure de sodium) est un composé inorganique tout à fait typique, composé d'ions sodium et chlorure. Cela ne nous surprendra donc pas que le sucre fonde beaucoup plus facilement que le sel.

Comme tout le reste, c'est une question de molécules.

Vous ne l'avez pas demandé, mais…

☞ Si toutes les substances chimiques ont une température de fusion spécifique à laquelle elles passent de solide à liquide, ont-elles également une température spécifique de solidification à laquelle elles passent de liquide à solide ?

Oui. En fait, les deux températures sont identiques.

Quand on parle de l'eau, on appelle parfois le processus de solidification que vous décrivez *gel*. Quand on dit que l'eau *gèle* à 0 °Celsius, on pourrait tout aussi bien dire que c'est la température à laquelle la glace *fond*. La raison pour laquelle ces deux températures sont identiques, c'est que les molécules mobiles d'un liquide doivent ralentir à une certaine énergie pour pouvoir prendre les positions permanentes et rigides du solide cristallin; il faut les chauffer au même niveau énergétique pour pouvoir les libérer de ces positions rigides et pour qu'elles commencent à couler comme un liquide.

Ainsi, une quantité définie d'énergie entre en jeu dans le « gel » et la « fonte » d'une substance donnée. Pour l'eau pure, cette quantité s'élève à 80 calories par gramme (voyez ci-dessous). Si vous voulez faire fondre un gramme de glace, il faut lui fournir 80 calories de chaleur; si vous voulez solidifier un gramme d'eau liquide, il faut lui prendre 80 calories de chaleur.

Par esprit de contradiction, les chimistes n'appellent pas cette quantité de chaleur « chaleur de fonte » ou « chaleur de gel ». Ils l'appellent « chaleur de fusion ». Pour compliquer encore les choses, si une substance est liquide à température ambiante et qu'il faut la refroidir pour la transformer en solide, on appelle cette température de transition *point de solidification* alors que, si la substance est solide à température ambiante et qu'il faut la chauffer pour la transformer en liquide, on appelle cette même température de transition *point de fusion*.

Une calorie n'est pas une calorie

La calorie est une unité d'énergie. L'énergie peut prendre plusieurs formes interchangeables mais la forme la plus familière est la chaleur. On considère donc en général une calorie comme une quantité de chaleur.

Mais combien de chaleur au juste ? Un chimiste vous donnera une réponse mais un diététicien ou un nutritionniste vous en donneront une autre. Et elles ne sont même pas proches; une « calorie » est mille fois plus grande que l'autre. C'est comme si le kilomètre de quelqu'un était le mètre de son voisin; pour interpréter un panneau sur l'autoroute, il faudrait savoir qui l'aurait écrit.

Rien ne fait penser que les chimistes et les nutritionnistes se mettront un jour d'accord; ils ont trop pris leurs habitudes. Nous avons donc deux tailles de calorie sur les bras.

La calorie du chimiste est la quantité de chaleur qu'il faut pour augmenter la température d'un gramme d'eau d'un degré Celsius. Mais c'est une quantité d'énergie plutôt faible et les nutritionnistes appellent parfois

« calorie » ce qui est en fait une « kilocalorie » : la quantité de chaleur qu'il faut pour augmenter la température d'un kilogramme d'eau d'un degré Celsius.

Dans cet ouvrage, nous utiliserons « cal » pour calorie et « kcal » pour kilocalorie. Rappelons au passage que l'unité internationale d'énergie est le joule. Une calorie (du chimiste !) vaut 4,18 joules.

Caresser une molécule à rebrousse-poil

☞ **J'aimerais beaucoup savoir ce que mon four à micro-ondes fait pendant qu'il ronronne et vrombit. Est-ce qu'il cuit vraiment les aliments de l'intérieur ? J'ai lu dans plusieurs livres de cuisine que les micro-ondes forcent les molécules à se frotter les unes sur les autres et que cette friction les fait chauffer. Mais je ne suis pas sûr que les livres de cuisine soient les meilleurs endroits pour apprendre la science.**

Vous avez de bonnes raisons d'être sceptique. Ces deux notions sont erronées.

Qu'est-ce que le frottement ? Quand vous frottez les surfaces de deux objets l'une sur l'autre, ils résistent dans une certaine mesure au glissement et une partie de l'énergie musculaire que vous fournissez pour surmonter cette résistance se transforme en chaleur. Et qu'est-ce que la chaleur ? Simplement de l'agitation moléculaire. Ce que font les micro-ondes, c'est agiter certaines molécules, qui deviennent donc chaudes. Il n'y a pas besoin de frottements – quoi que le terme « frottements » soit sensé signifier pour une molécule. Avec quoi la frotte-t-on ? Un atome au bout d'un bâton ?

Que dire de la cuisson par l'intérieur ? Prenons 1,5 kg de bœuf haché, donnons-lui la forme d'un gros pain de viande et enveloppons notre four avec en laissant le câble pendre. Branchons-le ensuite et mettons-le en marche avec le manche d'un balai. C'est la seule façon dont on pourrait faire cuire de la nourriture de l'intérieur.

La chaleur dans un four ordinaire doit en fait faire son chemin de l'extérieur de la nourriture vers l'intérieur, en la cuisant en chemin; c'est pourquoi un rôti est moins cuit au milieu. La chaleur doit pénétrer par conduction – des molécules chaudes et agitées entrant en collision avec des molécules plus lentes – et cela peut être un processus très lent; la viande et les pommes de terre sont de mauvais conducteurs de chaleur.

Les micro-ondes doivent également entrer de l'extérieur mais elles pénètrent instantanément. Ce sont des *ondes électromagnétiques*, comme la lumière et les ondes radio (voyez p. 231). En fait, ce ne sont rien de plus que des ondes radios à très haute fréquence, oscillant à une fréquence d'environ deux milliards de cycles par seconde (deux mille mégahertz), soit environ vingt fois la fréquence des ondes radios FM.

Les micro-ondes traversent la plupart des matériaux sans être absorbées jusqu'à ce qu'elles rencontrent des molécules qui sont de bons absorbeurs d'énergie à cette fréquence particulière. En général, cela signifie qu'elles pénètrent de quelques centimètres dans un morceau de nourriture, chauffant et cuisant en chemin – plus il y a de molécules absorbantes sur leur chemin et plus la température augmente.

Quelles sont ces molécules qui absorbent les micro-ondes ? Les molécules d'eau sont de loin les meilleures et, comme tous les aliments contiennent de l'eau, ils absorbent tous une certaine quantité de micro-ondes. Les lipides absorbent également bien les micro-ondes, les glucides et les protéines arrivant péniblement en troisième et quatrième positions. Ainsi, les parties de votre repas qui sont les plus humides et les plus grasses chaufferont le plus. Cette chaleur se diffuse ensuite par conduction au reste du plat. C'est la raison pour laquelle les instructions d'emploi vous disent de laisser votre repas reposer quelques minutes avant de le découvrir; cela laisse le temps à la vapeur et à la graisse chaude de distribuer leur chaleur à l'ensemble du plat.

L'eau et la graisse ont des caractéristiques qui font qu'elles absorbent mieux l'énergie des micro-ondes. Les chimistes qualifient leurs molécules de *polaires* : elles ne sont pas uniformes du point de vue électrique. Les électrons de ces molécules passent plus de temps à une extrémité de la molécule qu'à l'autre. Cela donne aux molécules une légère charge négative à cette extrémité et une légère charge positive (un déficit de charge négative) à l'autre.

En conséquence, elles se comportent comme de petits aimants électriques à deux pôles. Quand les micro-ondes oscillent, inversant le sens de leur champ électrique quatre milliards de fois par seconde, ces molécules polaires sont forcées de s'aligner avec le champ et donc de changer de sens quatre milliards de fois par seconde. Cela donne des molécules extrêmement vives – c'est-à-dire des molécules extrêmement chaudes. Lorsqu'elles font ces pirouettes, elles bousculent leurs voisines, polaires ou pas, les faisant également chauffer.

Les molécules de l'air (azote et oxygène) et les molécules de papier, de verre, de céramique et tous les plastiques « adaptés aux micro-ondes » sont uniformes du point de vue électrique. Elles ne sont pas polaires, ne font pas de pirouettes et n'absorbent pas l'énergie des micro-ondes.

Pour les métaux, c'est une autre histoire. Ils réfléchissent les micro-ondes comme des miroirs (les ondes radar sont des micro-ondes; les avions et les voitures en excès de vitesse les réfléchissent) et les font se réfléchir encore et encore à l'intérieur du four jusqu'à ce que l'énergie s'accumule jusqu'à un niveau alarmant – allant jusqu'à la production d'étincelles. Excepté sous formes de fines feuilles, le métal est strictement interdit de séjour dans un four à micro-ondes.

Le ronronnement et le vrombissement ? C'est juste un ventilateur à lames en métal qui diffuse les micro-ondes de façon uniforme dans tout le volume du four.

Le sel de l'empereur

☞ À en croire ce que j'ai lu dans certains magazines de cuisine, le sel de mer est préférable au sel de table car (a) il contient de nombreux minéraux nutritifs, (b), il n'est pas raffiné, et donc plus naturel, et (c) il a un goût plus vif et plus frais. Que penser de ces affirmations ?

(a) Balivernes. (b) Balivernes. (c) Balivernes.

Le sel de mer vendu en supermarché et en magasin de produits diététiques n'est pas plus riche en minéraux, pas moins raffiné que le sel de table ordinaire et n'a pas un goût différent. Mais vous le paierez entre quatre et vingt fois plus cher. Et il se peut même qu'il ne vienne pas de la mer car les fabricants n'ont pas à préciser son origine et, selon certains, des fraudes existent.

Cela fait longtemps que le sel de mer est le favori des fans de produits naturels, qui n'ont apparemment besoin d'aucune preuve pour adopter la dernière idée à la mode. Mais, au cours des dernières années, des magazines et des livres de cuisine par ailleurs respectables se sont laissés berner par les éloges dithyrambiques sur le sel de mer. Quand des écrivains professionnels de la diététique commencent à cautionner des idées bizarres, il est temps de mettre le holà. Ce à quoi nous assistons est un exemple classique du cas des vêtements neufs de l'empereur[1]. Admettre que vous ne faites pas la différence entre le sel de mer et le sel ordinaire, c'est reconnaître que non seulement votre palais est insensible mais également politiquement incorrect.

Le sel de terre ou sel de roche est extrait d'énormes dépôts souterrains formés il y a des millions d'années, quand les changements climatiques entraînèrent un assèchement de grandes étendues d'eau salée. Par conséquent, tout notre sel provient d'une mer, ancienne ou contemporaine. Mais le sel des océans actuels contient-il plus de

1. Dans *Les habits neufs de l'empereur*, un des contes d'Andersen, des tisserands malhonnêtes parviennent à faire croire à un empereur crédule qu'il porte des vêtements d'une finesse inégalée alors qu'il est nu. (NDT)

minéraux que celui des mines ? Oui, c'est le cas, si vous parlez des solides gris et collants qui restent quand toute l'eau de mer s'est évaporée.

Environ 78 pour cent de ces résidus sont constitués de chlorure de sodium, ou sel commun; 99 pour cent du reste sont constitués de composés de magnésium et de calcium. De plus, il y a au moins soixante-quinze autres éléments chimiques en très faibles quantités. Pour avoir autant de fer que dans un seul grain de raisin, par exemple, il faudrait manger environ 100 grammes de ces résidus – environ 1 kilogramme pour avoir l'équivalent en phosphore. En considérant que nous consommons environ une dizaine de grammes de sel par jour, ces résidus ont une valeur nutritionnelle à peu près équivalente à celle du sable.

Mais, même s'il provient vraiment de la mer, le produit vendu dans votre magasin de produits diététiques est différent de ce résidu. Il a été raffiné avec tout autant de soin que le sel de terre car la réglementation impose que le sel vendu pour une utilisation alimentaire contienne au moins 97 pour cent de chlorure de sodium. En pratique, on est en général plus proche des 99 pour cent. La Fleur de Sel constitue une exception ; sa teneur en minéraux est néanmoins bien en dessous de celle du résidu d'évaporation.

Dans un marais salant, le Soleil évapore la plupart de l'eau. Les solides qui cristallisent, appelés *sel solaire*, sont séparés du liquide qui reste, appelé *eau mère*. Quand un composé chimique cristallise à partir d'un liquide, il laisse quasiment toutes les impuretés derrière lui. (Les chimistes font cristalliser certains produits pour les purifier.) L'eau mère qui reste retient donc virtuellement tout le calcium, le magnésium et les autres « précieux minéraux nutritifs », comme on peut le lire sur les étiquettes des boîtes de sel de mer. Au Japon, l'eau mère parvient souvent jusqu'à la table sous forme d'un condiment amer appelé *nigari* mais, aux États-Unis, il est soit rejeté soit vendu à l'industrie chimique, qui en extrait les minéraux pour diverses utilisations.

Mais ce n'est pas tout. Ensuite, le sel de mer est lavé, ce qui lui enlève encore plus de calcium et de magnésium car leurs chlorures sont encore plus solubles dans l'eau que ne l'est le chlorure de sodium. Enfin, ajoutant l'insulte à la pureté, les fabricants sèchent le sel dans un four qui utilise la chaleur issue – devinez quoi ? – de charbon ou de pétrole. Voilà pour l'innocence environnementale du sel de mer.

Le produit qui finit sur les étagères de nos magasins ne contient environ qu'un dixième des minéraux du résidu de départ. Pour avoir autant de phosphore qu'un grain de raisin, il faut maintenant avaler environ 10 kilos de ce produit.

Et puis il y a cette croyance quasiment inébranlable selon laquelle le sel de mer est riche en iode, « l'arôme de la mer ». Encore des balivernes. Certaines algues sont effectivement très riches en iode mais seulement parce qu'elles la concentrent à partir de l'eau de mer, de la même façon que les mollusques concentrent le calcium pour construire leur coquille. L'histoire des algues a été tellement colportée que beaucoup de gens pensent que l'océan est une grande théière remplie d'iode. Mais, à quantité égale, même une source aussi improbable que le beurre contient vingt-quatre fois plus d'iode que le résidu de l'évaporation de l'eau de mer. Le sel de table iodé, qu'il provienne des mines ou de la mer, en contient soixante-cinq fois plus, délibérément ajouté après récolte.

La saveur ? Encore des histoires. Selon différents gourous de la nutrition, le sel de mer a un goût plus salé, plus vif, plus délicat, plus amer et moins chimique (quoi que cela puisse signifier) que le sel de table courant. Les seules affirmations un tant soit peu basées sur la vérité concernent l'amertume et le goût salé. Le reste n'est que sottises.

Les chlorures de magnésium et de calcium dans le résidu d'évaporation sont effectivement amers. Cela a amené certaines personnes à penser à tort que le sel de mer acheté en magasin avait une saveur amère. C'est faux. Les composés du magnésium et du calcium n'arrivent pas jusqu'au magasin. (La seule exception, encore une fois, est la Fleur de Sel.)

Assez bizarrement, cependant, on peut discuter du *goût salé* de différents sels, bien qu'ils soient tous virtuellement uniquement constitués de chlorure de sodium. C'est parce que différents produits peuvent avoir des tailles et des formes de grains différentes, selon la façon dont ils ont cristallisé à partir de la saumure pendant le procédé de raffinage. Leurs formes vont des cubes aux pyramides en passant par des flocons irréguliers.

Le sel de table le plus courant extrait des mines est vendu sous forme de petits cubes, alors que la plupart des sels de mer, mais absolument pas tous, ont tendance à avoir une forme de flocon. Comme les flocons se dissolvent plus rapidement que les cubes, ils peuvent donner une plus forte impression de salinité si vous en mettez sur votre langue. Une personne qui compare le goût salé d'un sel de mer floconneux à celui d'un sel de terre granulé pourra attribuer l'effet légèrement plus salé à la mer plutôt qu'à la forme des grains.

Tester le goût du sel n'a de toute façon aucun intérêt, quel que soit le soin que vous y mettez, car on ne consomme pas le sel en se le mettant sur la langue. Nous l'ajoutons à notre nourriture, soit au moment de la cuisson soit à table. Dans les deux cas, au moment où le sel entre en contact avec la nourriture humide, il se dissout et tous les effets potentiels de la forme des grains disparaissent. De plus, lorsque l'on met une cuiller à café de sel dans un ragoût, toutes les soi-disant différences sont tellement diluées qu'elles sont indécelables.

Quand vous assaisonnez avec du sel pendant la cuisson ou à table, le type de sel que vous utilisez ne fait absolument aucune différence. La prochaine fois que vous entendrez un expert pérorer sur les vertus du sel de mer, prenez-le avec un grain de vous-savez-quoi. De préférence du vous-savez-quoi en grains ordinaire. C'est beaucoup moins cher.

Du poivre oui, du sel non !

☞ **J'ai entendu dire que la qualité d'un restaurant est inversement proportionnelle à la taille de ses moulins à poivre. Soit mais qu'en est-il des moulins à sel ? Un endroit dont j'ai entendu parler présente (et vend) un moulin à sel qui permet d'avoir « du sel fraîchement moulu ». Cela a-t-il un intérêt quelconque ?**

Oui, cela a un très grand intérêt pour ceux qui fabriquent les moulins à sel et le vendent aux « bobos » qui doivent absolument posséder les derniers accessoires pseudo-gastronomiques à la mode. Et pour le reste d'entre nous ? C'est une arnaque. Le poivre est meilleur fraîchement moulu mais moudre du sel n'a aucun intérêt, si ce n'est vous faire faire un peu d'exercice.

Le poivre noir ou blanc (ce sont en fait les mêmes baies traitées différemment) fraîchement moulu est en effet bien meilleur que la poudre grise que l'on achète déjà moulue. En effet, les composés qui donnent le plus de goût au poivre sont plutôt volatils : ils s'évaporent peu à peu dans les airs une fois les baies ouvertes. Les moulins à poivre sont donc une nécessité absolue dans la cuisine et sur la table. Ils libèrent tout l'arôme et toute la saveur de l'épice sur demande.

Mais il en va différemment pour le sel, bien que l'on ait tendance à les croire indissociables. Et c'est exactement là-dessus que comptent les vendeurs de moulins à sel. La vérité est que cela ne fait aucune différence que votre sel soit « fraîchement » moulu ou que vous le stockiez dans un placard. Après tout, avant d'arriver chez vous, il a patiemment attendu pendant des millions d'années sans le moins du monde perdre de son goût.

Le sel, ou chlorure de sodium, est, bien sûr, un produit minéral et non végétal. C'est le seul rocher mangeable. Il ne contient que des atomes de sodium et de chlore, et rien d'autre. Un morceau de sel est sous divers aspects semblable à un morceau de verre; cassez-le et vous aurez plusieurs morceaux, en tout point identiques à l'original excepté par leur taille et leur forme. Il n'y a rien de plus à l'intérieur à libérer. Vous ne changerez rien avec un moulin, si ce n'est faire diminuer la taille des grains. On peut acheter du sel tout prêt, dont les grains peuvent avoir différentes tailles, sans avoir à le moudre soi-même. Et ce sel est dix ou vingt fois moins cher que les gros blocs vendus pour mettre dans les moulins.

Un peu de thé dans votre sucre ?

☞ **Ma recette dit de dissoudre deux tasses de sucre dans une tasse d'eau ! Ça ne rentrera jamais, si ?**

Pourquoi n'avez-vous pas essayé ?

Voyez par vous-même

Versez une tasse d'eau et deux tasses de sucre (ou vice versa) dans une casserole et remuez en chauffant légèrement. Tout le sucre finira par se dissoudre.

Le concept anglo-saxon de « blivet » – dix kilos de produit dans un sac de cinq kilos – a amusé de nombreuses générations d'enfants. Mais dissoudre deux tasses de sucre dans une tasse d'eau, ce n'est pas comme les faire tenir dans une seule tasse. L'une des raisons est très simple : les molécules de sucre peuvent se glisser dans les espaces entre les molécules d'eau, si bien qu'elles ne prennent pas vraiment de place.

Au niveau moléculaire, l'eau n'est pas un empilement compact de molécules, comme un seau rempli de sable. C'est un arrangement un peu « aéré » de molécules liées les unes aux autres sous formes de chaînes entrelacées plutôt qu'entassées de façon aléatoire. Les trous dans cet empilement de molécules peuvent accueillir un grand nombre de particules dissoutes – pas seulement les molécules de sucre mais beaucoup d'autres. C'est une des raisons pour lesquelles l'eau est un si bon solvant – elle dissout de nombreuses substances.

Ce qui est peut-être plus convaincant, c'est que deux tasses de sucre représentent beaucoup moins de sucre qu'elles n'en ont l'air. Les molécules de sucre sont beaucoup plus lourdes et imposantes que les molécules d'eau, si bien qu'elles ne sont pas aussi nombreuses dans un kilogramme ou dans une tasse. De plus, le sucre a une texture granuleuse et non liquide, si bien que les grains ne s'empilent pas de façon aussi compacte dans la tasse que l'on pourrait penser. Le résultat – surprenant – est qu'une tasse de sucre contient vingt-cinq fois moins de molécules qu'une tasse d'eau. Dans notre mélange deux-tasses-de-sucre-pour-une-tasse-d'eau, il n'y a donc qu'une molécule de sucre pour douze molécules d'eau. Ce n'est pas tant que ça, finalement.

Brève de comptoir

Je peux dissoudre deux tasses de sucre dans une tasse d'eau. N'utilisez pas du sucre glace ; il contient de la farine qui perturbera la dissolution.

Le son d'une poêle qui attache

☞ **Pourquoi est-ce que rien ne colle aux poêles antiadhésives ? N'est-il pas étrange qu'un matériau puisse avoir une aversion envers tout le reste, quel qu'il soit ? Quand on y pense, qu'est-ce qui fait que deux choses collent – ou ne collent pas ?**

De toute évidence, l'adhérence ne peut pas avoir lieu qu'entre deux matériaux distincts : il doit y avoir un « collant » et un « collé ». Il faut considérer les propriétés des deux. Mais peut-il exister un « non-collant » intrinsèque, quelle que soit la nature du « collé » ?

Cette question fut résolue en 1938 par un chimiste de la société Du Pont nommé Roy Plunkett, qui découvrit le polytétrafluoroéthylène, qu'il baptisa rapidement – et on l'en remercie – Téflon. Le PTFE (comme nous l'appellerons) est un composé chimique extrêmement antipathique qui refuse les relations intimes durables avec quoi que ce soit.

Après avoir été utilisé sous de nombreuses formes industrielles, comme dans les roulements à billes sans lubrification, le Téflon fit son apparition dans la cuisine dans les années 1960, sous forme de revêtement de poêles très faciles à nettoyer car elles ne sont en fait même pas sales. Les aliments n'y adhèrent pas. Dans nos sociétés phobiques envers les graisses, la plus grande vertu de ces poêles est que l'on peut faire y faire sauter les aliments en ajoutant très peu de matières grasses.

Les variations modernes du thème antiadhésif sont connues sous plusieurs noms de marque mais elles sont toutes à base PTFE, la différence se situant au niveau de la fixation de ce dernier à la poêle, ce qui, vous vous en doutez, n'est pas une mince affaire. (Voyez plus bas.)

Que se passe-t-il vraiment quand un objet adhère à un autre ? Il semble assez clair qu'il doit exister une sorte d'attraction entre les deux objets. Le degré d'adhérence dépend de la force de l'attraction et de sa durée. Les colles sont des produits délibérément mis au point pour former des attractions fortes et permanentes avec autant de substances que possible. Mais l'adhérence ordinaire, comme celle d'une sucette à un enfant ou d'un œuf à une poêle, est une attraction beaucoup plus faible, que l'on peut en général surmonter avec un peu d'encouragement physique.

Cependant, si vous ne pouvez pas décoller quelque chose avec un peu d'huile de coude, vous pourriez avoir besoin de la chimie. Le diluant pour peinture (le white-spirit) décollera en général le chewing-gum de votre chaussure alors que frotter n'avait donné aucun résultat. Nous arrivons donc à la conclusion que des choses peuvent coller les unes aux autres (et se décoller les unes des autres) pour des raisons principalement soit physiques soit chimiques.

Pourquoi un œuf a-t-il tendance à adhérer à une poêle à frire en acier inoxydable ou en aluminium ? Tout d'abord, à moins d'avoir été polie comme un miroir, la surface de tous les métaux présente inévitablement des crevasses et des falaises microscopiques – sans parler des rayures, petites et moins petites, dues à l'utilisation – sur lesquelles du blanc d'œuf en train de coaguler peut s'accrocher. C'est l'adhérence physique. Pour la minimiser, on utilise de l'huile. Elle remplit les crevasses et on fait flotter l'œuf au-dessus des falaises sur une fine couche de liquide. N'importe quel liquide pourrait bien entendu faire l'affaire mais l'eau ne dure pas assez longtemps dans une poêle chaude pour être d'une grande utilité à moins d'en utiliser beaucoup, auquel cas vous auriez un œuf poché et pas un œuf sur le plat.

En revanche, les surfaces des poêles antiadhésives sont extrêmement lisses à l'échelle microscopique. Comme elles n'ont virtuellement aucune rayure, la nourriture ne trouve rien à quoi s'accrocher. Bien sûr, de nombreux plastiques ont cette propriété mais le PTFE résiste également bien aux hautes températures.

Voilà pour l'adhérence physique ou mécanique. Mais les causes chimiques d'adhérence peuvent être plus importantes. Après tout, les molécules ont tendance à être attirées les unes par les autres, c'est la raison d'être de la chimie. Les atomes ou les molécules à la surface d'une poêle peuvent établir certains types de liaison avec certaines molécules des aliments. La question devient donc la suivante : qu'est-ce qui rend le Téflon par nature inerte aux molécules de quasiment tout le monde ? La réponse repose sur l'unicité du composé chimique appelé PTFE.

Le PTFE est un *polymère* – une substance composée d'un grand nombre de molécules identiques, attachées à la suite les unes des autres au sein d'énormes super-molécules. Les molécules de PTFE ne contiennent que deux types d'atomes, le carbone et le fluor, avec quatre atomes de fluor pour deux atomes de carbone. Des milliers de ces molécules à six atomes sont liées entre elles. Elles forment des molécules démesurément plus grandes qui ressemblent à de longues chaînes d'atomes de carbone avec des atomes de fluor hérissés comme les poils d'une chenille.

Parmi tous les types d'atomes, le fluor est celui qui a le moins envie de réagir avec quoi que ce soit une fois qu'il est confortablement lié avec un atome de carbone. Les pics hérissés des atomes de fluor du PTFE forment donc une armure qui protège les atomes de carbone de la tentation de former des liaisons avec tout ce qui passe par là. Et cela inclut les molécules d'un œuf, d'une côte de porc et d'une crèpe.

De plus, le PTFE ne laisse même pas la plupart des liquides adhérer suffisamment pour le mouiller. (Mettez quelques gouttes d'eau ou d'huile sur une poêle antiadhésive et vous verrez.) Si un liquide ne peut pas mouiller une surface, tous les produits qui y sont dissous, quelle que soit leur volonté, ne peuvent pas avoir de prise sur la surface suffisamment longtemps pour réagir avec ses molécules. Ainsi, aucun produit chimique ne réagit avec le PTFE.

Voyez-vous le problème ? Effectivement. Comment fait on pour fixer le PTFE à la poêle ? Les fabricants utilisent un ensemble de techniques astucieuses plutôt physiques que chimiques pour rendre la surface de la poêle suffisamment rugueuse pour que le PTFE puisse s'y fixer. Ce sont ces techniques qui font les grandes différences entre les marques de poêles antiadhésives.

Vous ne l'avez pas demandé, mais…

☞ Comment ces sprays antiadhésifs permettent-ils de faire cuire ou de frire avec peu de matières grasses ?

Ils ne contiennent rien de plus que de l'huile de cuisson dissoute dans de l'alcool, dans une bombe aérosol très commode. L'idée est que, au lieu de verser une quantité aléatoire d'huile dans votre poêle, vous vaporisez avec votre spray. L'alcool s'évapore et l'huile recouvre la poêle. Vous cuisez bien sur une couche d'huile « antiadhésive » mais c'est une couche très fine et donc pauvre en calories.

Une cuiller à soupe de beurre ou de margarine contient onze grammes de matière grasse et une centaine de kilocalories. En revanche, les étiquettes sur les sprays de cuisson se vantent de ne contenir « que deux kilocalories par dose ». Une « dose » est définie comme une vaporisation d'un tiers de seconde. C'est assez bizarre car c'est juste assez, selon eux, pour couvrir un tiers d'une poêle de 25 cm de diamètre. Toutefois, même si vous êtes une aussi fine gâchette que Billy le Kid ou si vous prenez le risque de recouvrir toute la poêle, vous réussirez quand même à cuisiner avec très peu de matières grasses.

Au fait, si vous pensez que deux précautions valent mieux qu'une, vaporisez un peu de spray antiadhésif sur votre poêle antiadhésive. La nourriture brunira mieux que sans matière grasse.

Garçon, il y a du sel dans ma confiture

☞ Comment le sucre préserve-t-il les fruits et les baies, comme dans les confitures et les conserves ? Je suppose que le sucre tue les germes d'une façon ou d'une autre, mais je n'ai jamais considéré le sucre comme un germicide. Et, si le sucre est fatal pour les bactéries, pourquoi n'est-il pas un peu nocif pour nous ?

L'utilisation du sucre dans la conservation des aliments n'a rien d'unique. En principe, on pourrait faire de la confiture de fraise avec du sel à la place du sucre et elle se conserverait aussi longtemps. Beaucoup plus longtemps même, car personne n'y reviendrait après la première cuillerée. On utilise le sel depuis des milliers d'années pour conserver le poisson et la viande. Le merveilleux saumon fumé appelé *gravlax* est en général préparé avec un mélange de sel et de sucre.

Bien que le sucre et le sel permettent très bien d'éliminer ou de neutraliser les micro-organismes pour empêcher les aliments de se gâter, ils n'agissent que sous forme très concentrée. On ne peut pas stériliser les aliments en saupoudrant simplement ces produits chimiques habituels. Mais, si vous utilisez *suffisamment* de sucre ou de sel pour obtenir une solution à au moins 20 ou 25 pour cent lorsqu'ils sont dissous dans les sucs de l'aliment en question, alors, tout simplement, la plupart des bactéries, des levures et des moisissures ne peuvent pas survivre. Eh non ! Ce n'est pas parce qu'elles meurent de diabète ou d'hypertension artérielle.

En fait, la solution de sucre ou de sel pompe la plupart de l'eau dans ces aliments – elle les déshydrate – si bien qu'ils meurent ou deviennent inactifs. Pratiquement aucun organisme ne peut vivre indéfiniment sans eau, et ces organismes unicellulaires microscopiques ne font pas exception à la règle.

Comment une solution de sel ou de sucre peut-elle faire sortir de l'eau d'un objet ? La réponse est : par *osmose*, ce mot apparemment fourre-tout que l'on emploie à tort et à travers. (« Je n'ai jamais vraiment étudié l'ourdou mais mes parents le parlaient et je suppose que j'ai appris par osmose. »)

En fait, l'osmose est un type particulier de suintement. C'est la traversée d'une fine membrane par de l'eau et celle-ci se produit dès qu'il y a deux solutions de différentes concentrations (forces) des deux côtés de la membrane. La membrane doit pour cela être *semi-perméable*. Elle permet aux molécules d'eau de traverser mais pas aux autres molécules. La plupart des membranes fines qui séparent les organes dans les plantes ou chez les animaux sont semi-perméables. Dans notre propre corps, c'est le cas des parois de nos globules rouges et de nos capillaires sanguins.

Lors d'une osmose, il se produit un transfert de molécules d'eau à travers la membrane d'une solution vers l'autre mais non en sens inverse. D'une certaine façon, la membrane fonctionne comme une route à sens unique pour les molécules d'eau. La direction du trafic dépend de la concentration relative des deux solutions. L'eau s'écoule de la solution la moins concentrée vers la plus concentrée. Voyons comment cela s'applique à ces vilaines bactéries sur nos fraises.

Une bactérie est essentiellement un petit amas de protoplasme gélatineux enrobé dans une paroi cellulaire qui fonctionne comme une membrane semi-perméable. Le protoplasme de la bactérie contient de l'eau dans laquelle différents produits sont dissous – des protéines et de nombreux autres produits chimiques qui sont terriblement importants pour la bactérie mais de peu d'intérêt pour nous pour le moment.

Inondons maintenant cette bactérie d'une solution très sucrée ou très salée. Soudainement, la concentration de matière dissoute à l'extérieur de la cellule est plus importante qu'à l'intérieur. Cela signifie qu'il y a relativement moins de molécules d'eau libres dans la solution extérieure car elles sont entourées par des substances dissoutes.

Nous avons donc une situation de déséquilibre dans laquelle il y a des concentrations différentes de molécules d'eau libres des deux côtés d'une membrane fine et perméable à l'eau. Mais Dame Nature déteste les déséquilibres et, dès qu'elle le peut, elle essaye toujours d'égaliser les choses. Dans ce cas, l'équilibre peut être restauré si les molécules d'eau libres de l'intérieur migrent à travers la membrane vers l'extérieur. Et c'est exactement ce qui se produit.

L'osmose a lieu comme s'il y avait une sorte de pression forçant l'eau à traverser la membrane du côté le moins concentré en eau vers le plus concentré. Les scientifiques raisonnent effectivement en termes de *pression osmotique* et ils la traitent sensiblement de la même façon que la pression d'un gaz.

Pour notre infortunée bactérie, le résultat net est qu'elle perd son eau, après quoi elle mord rapidement la poussière. Au mieux, elle est tellement affaiblie qu'elle est incapable de se reproduire. (« Pas ce soir, chéri, je suis déshydratée. ») Dans les deux cas, la menace pour notre santé a été éradiquée.

Pour la même raison, les naufragés entassés sur un canot de sauvetage ou sur un radeau ne doivent pas boire d'eau de mer bien qu'ils en soient entourés. Paradoxalement, boire de cette eau les déshydraterait de façon dangereuse, voire fatale.

Le même sort s'abat sur un poisson d'eau douce que l'on met dans de l'eau salée. L'osmose transfère l'eau des cellules du poisson vers la mer plus salée et le poisson peut mourir de déshydratation – le comble pour un poisson.

La revanche des gringalets ?

☞ Si j'avais un aimant assez puissant, pourrais-je soulever des épinards ?

Non, à moins qu'ils ne soient dans une boîte de conserve en métal. Le fer si prisé dans les épinards n'est pas attiré par un aimant lorsqu'il se trouve sous cette forme.

Le fer est magnétique – attiré par les aimants – quand il est sous forme métallique (voyez p. 243) mais pas quand il est combiné chimiquement avec d'autres éléments. Le fer métallique de la porte en acier de votre réfrigérateur peut attirer toute une tribu de petits « magnets » ridicules mais le fer n'est pas magnétique lorsqu'il est sous la forme de rouille, par exemple. C'est la même chose dans le cas des épinards. Le fer des épinards n'est (heureusement) pas sous forme de petits morceaux de métal : il se trouve sous forme de composés chimiques complexes qui ne sont pas magnétiques.

Mais pourquoi pensons-nous toujours que les épinards sont riches en fer ? C'est probablement à cause de Popeye, ce personnage de dessin animé débordant d'activité qui, depuis plus de soixante ans, démontre au monde entier qu'un mélange de vertu, d'épinards et de simplicité d'esprit finit toujours par triompher.

En fait, la teneur en fer des épinards n'a rien d'exceptionnel. De nombreux légumes verts et d'autres aliments de couleurs diverses contiennent également des quantités substantielles de fer. Paradoxalement (désolé pour l'exemple), un hamburger contient la même quantité de fer qu'un poids équivalent d'épinards. Alors comment se fait-il que les épinards rendent Popeye fort et que les hamburgers n'aient pas le même effet sur nous ?

Popeye a seulement aidé les mères de par le monde à faire manger des légumes à leurs enfants – en particulier des épinards, dont la plupart des enfants n'aiment pas le goût à cause de l'acide oxalique aigre qu'il contient. (Essayez seulement de faire manger de la rhubarbe à un enfant, qui contient une grande quantité d'acide oxalique.) Si papa n'était pas exactement un modèle de musculature (« Tu ne veux pas devenir grand et fort comme… ?), maman pouvait toujours citer Popeye à la place.

Mais que dire de la force légendaire de Popeye ? Pourquoi ne mangeait-il pas des boîtes de conserves entières de courge ou de navet ? Comment son créateur, Elzie C. Segar, a-t-il décidé que ce seraient les épinards qui seraient son passeport pour la force ?

Encore à cause de ce fer légendaire. Les personnes qui n'ont pas assez de fer dans le sang sont souvent pâles et faibles. Le mot *anémique* signifie aujourd'hui faible ou léthargique. Bien sûr, cela ne veut pas dire que manger plus de fer vous rendra plus fort si vous n'êtes pas anémique. Mais depuis quand un personnage de dessin animé s'est-il soucié de la logique ?

Chapitre 3

Le garage

Votre voiture rouille sous vos yeux; elle refuse de démarrer; vos pneus sont à plat; et vous venez de glisser sur du verglas devant votre entrée : en percutant une branche d'arbre, votre pare-brise en verre sécurit vient d'exploser. Cela ne vous consolerait-il pas de comprendre ce qui se cache derrière ces événements ? D'accord, peut-être une fois que vous serez calmé(e).

Nous allons maintenant examiner quelques phénomènes fascinants liés à notre histoire d'amour avec cet infernal moteur à combustion.

Un dilemme choquant

☞ Quand il fait froid, la batterie de ma voiture a des ratés. Quand il fait vraiment froid, elle n'arrive même pas à faire démarrer ma voiture. J'ai pourtant entendu dire qu'il fallait mettre les piles d'une lampe-torche au réfrigérateur pour les garder en bon état de marche. Pourquoi le froid est-il bon pour des piles et pas pour une batterie ?

Personne ne vous dit d'utiliser les piles de votre lampe-torche lorsqu'elles sont froides. Elles seraient tout aussi inefficaces que la batterie de votre voiture. Le froid engourdit à la fois les piles et les batteries. Il faut les utiliser à température « ambiante » pour en tirer les performances attendues.

Les piles produisent de l'électricité – un déplacement d'électrons – par réaction chimique (voyez p. 41) et toutes les réactions chimiques sont plus lentes à basse température (voyez p. 163). Refroidissez une pile bien en dessous de la température ambiante et le nombre d'électrons qu'elle pourra fournir à chaque seconde (en jargon scientifique : le *courant* qu'elle peut délivrer) sera fortement limité, que ce soit la batterie de votre voiture ou la pile de votre lampe. Des piles froides dans votre baladeur transformeront votre *allegro vivace* en *lento*. Et, pendant qu'on y est, ne les mettez pas dans l'appareil avant qu'elles n'aient réchauffé car l'humidité condensera sur les surfaces froides et votre baladeur vous jouera *Water Music*, mais pas celui de Haendel.

Les basses températures perturbent uniquement la capacité de la batterie à délivrer un courant – un déplacement robuste d'électrons sur demande. Le froid n'a virtuellement aucun effet sur la force avec laquelle la batterie déplace les électrons (en jargon scientifique : la *tension*).

Autre chose : les batteries s'usent un peu même lorsqu'elles ne sont pas reliées, c'est-à-dire même lorsque l'on ne leur demande pas de fournir d'électricité. Cela fait baisser leur stock limité de produits chimiques. Si vous les conservez au frais, vous ralentissez cette faible réaction chimique et économisez l'énergie de la pile pour le moment où vous en aurez vraiment besoin. Mais les piles alcalines modernes ont une telle durée de conservation que les réfrigérer ne fera pas grande différence.

Dans les batteries de voiture, qui contiennent un liquide (de l'acide sulfurique), le froid a un autre effet limitant : quand la batterie délivre du courant, certains atomes (en fait, ce sont des *ions* mais, si vous ne le dites à personne, alors moi non plus) doivent migrer ou nager à travers l'acide du pôle interne positif au pôle négatif et *vice versa*. À basse température, ils sont sensiblement plus lents, si bien que la capacité de la batterie à délivrer un courant est également diminuée.

Certains garagistes de l'ancienne génération vous jureront que, si vous laissez une batterie de voiture sur un sol en béton pendant longtemps et pas sur une étagère, le béton en « pompera l'électricité ». Ce qui se produit, bien sûr, c'est que le sol est froid et prend de la chaleur à la batterie.

Ce à quoi il vous faut *vraiment* faire attention, ce sont aux garagistes qui pompent directement l'argent dans vos poches.

Mosaïque moderne

☞ **Pour des raisons évidentes, les pare-brise des automobiles sont faits de telle façon que, lorsqu'ils reçoivent un choc, les éclats ne volent pas dans toutes les directions. Mais pourquoi se brisent-ils en si petits morceaux plutôt qu'en quelques gros ? Comment fait-on pour que le verre se brise ainsi ?**

Éviter que les fragments ne s'éparpillent est relativement facile. Le pare-brise est en fait un sandwich, avec du « pain » de verre et du « jambon » de plastique, qui peut se fissurer sans craquer. Quand une boule de bowling tombe sur votre pare-brise, la plupart des morceaux de verre restent collés au plastique au lieu de s'éparpiller dans les airs. Mais la raison pour laquelle un pare-brise se fragmente en millions de petits morceaux au lieu de quelques-uns, comme ce serait le cas si vous cassiez du verre ordinaire, est une autre question. Cela est dû au fait que le verre est trempé – prétraité – pour que sa dureté augmente.

Les pare-brise doivent, bien sûr, être plus solides que le verre ordinaire. Souvent, pour rendre un matériau plus résistant, les ingénieurs le *précontraignent* – c'est-à-dire qu'ils le soumettent à certaines forces. C'est le cas des pare-brise.

Pendant que le verre est encore très chaud après avoir été mis en forme, on trempe ses surfaces (on les refroidit instantanément) – et seulement ses surfaces. Cela fige la structure moléculaire du verre à haute température, qui a une structure plus expansée que le verre à température ambiante. Quand tout le pare-brise refroidit lentement jusqu'à atteindre la température ambiante, il garde sa structure à haute température au niveau des surfaces alors que l'intérieur se contracte pour adopter sa structure « basse température ». Ainsi, on a emprisonné une combinaison de tension (traction) et de compression (poussée) opposées dans le verre – une sorte de concours je-pousse-tu-tires réprimé qui renforce toute la structure.

Cette énergie emmagasinée est libérée au moment où le verre subit un impact ou une fissure. En utilisant cette énergie, la fissure se répand rapidement comme une réaction en chaîne le long de la surface soumise à la précontrainte. Comme tous les endroits subissent une contrainte, les fissures apparaissent sur toute la surface, ce qui donne cette mosaïque d'un million de pièces.

Vous ne l'avez pas demandé, mais…

☞ Comment précontraint-on le béton ?

On lui fait écouter du *hard rock* pendant qu'on le coule.

Désolé.

La résistance du béton précontraint ne provient pas d'une trempe, comme dans le cas des pare-brise. Le béton précontraint est du béton contenant des câbles d'acier qui ont été soumis à une tension – c'est-à-dire que l'on a exercé une traction dans le sens de la longueur pendant que le béton prenait. Les câbles veulent ensuite se contracter comme s'ils étaient des bandes de caoutchouc incroyablement rigides mais, comme ils ne le peuvent pas, ils maintiennent le béton durci sous une pression constante. Dans un sens, une partie de l'énergie de contrainte de la traction originelle a été emprisonnée dans la structure sous forme de compression. Cela la rend plus résistante car le béton est très résistant à la compression mais ne vaut pas son poids en caramel en traction.

Une rouille rouge bien roublarde

☞ Tous mes objets rouillent à vue d'œil. Enfin, pas vraiment, mais j'ai l'impression de passer mon temps à combattre la rouille en huilant, ponçant et peignant tous mes objets, des outils à la tondeuse à gazon en passant par mon portail et ne parlons pas des voitures. Peut-être que si j'en savais plus sur l'origine de la rouille, je pourrais la prévenir. Un conseil ?

Du fer plus de l'oxygène plus de l'eau égale de la rouille. C'est tout. Quand les trois sont présents, vous avez inévitablement de la rouille. Mais, s'il manque un seul des membres de ce triumvirat, il n'y en aura pas.

Heureusement pour nous et les autres créatures vivantes mais malheureusement pour nos outils de jardinage et nos voitures, l'oxygène et la vapeur d'eau sont omniprésents dans l'atmosphère. Et, heureusement ou malheureusement, tout le centre de notre planète, un noyau d'environ 7 000 kilomètres de diamètre, contient à près de 90 pour cent de fer. Même le Soleil et les étoiles contiennent du fer.

Ici, à la surface de la Terre, dont nous extrayons nos minerais, le fer est le plus abondant des 88 éléments métalliques connus. C'est donc le meilleur marché des métaux et le plus utilisé, que ce soit sous forme de fer forgé, d'acier (un mélange de fer et de carbone) ou de l'un des dizaines d'alliages connus.

On ne peut pas échapper au fer, à l'oxygène et à l'eau, pas étonnant, donc, que l'on ait un problème. Mais nous ne sommes pas les seuls. Le fait que le fer rouille contrarie l'humanité depuis les temps préhistoriques.

Le principal coupable est l'oxygène. Dans une réaction appelée *oxydation*, il réagit avec la plupart des métaux pour former des *oxydes;* la rouille est une forme d'oxyde de fer. (Dans les cercles chimiques, elle porte le nom d'*oxyde ferrique hydraté*). Dans des conditions favorables, l'oxygène réagit également avec l'aluminium, le chrome, le cuivre, le plomb, le magnésium, le mercure, le nickel, le platine, l'argent, l'étain, l'uranium et le zinc, entre autres métaux. En fait, parmi tous les métaux que vous connaissez, seul l'or est complètement immunisé contre les attaques de l'oxygène. Cette propriété, en plus de sa rareté et de sa couleur unique, explique son prix élevé.

(À propos, ces produits de nettoyage qui prétendent « redonner l'aspect du neuf » à vos bijoux en or sont une imposture. L'or ne ternit pas. De l'eau savonneuse suffira à retirer toutes les saletés.)

L'oxydation ne corrode, dégrade et détruit aucun métal autant que le fer. C'est parce que la plupart des autres métaux ont un mécanisme qui empêche l'oxygène de les consommer. Par exemple, l'oxygène réagit très facilement avec l'aluminium mais il se trouve que la fine couche d'oxyde sur la surface du métal est si dure et si hermétique qu'elle scelle le reste du métal et le protège d'autres attaques. D'autres métaux, comme le cuivre, par exemple, réagissent si lentement qu'ils ne font que s'assombrir un peu (mais voyez p. 156). La couche d'oxyde protège ensuite le reste du métal de la corrosion.

Cependant, l'oxyde rouge marron qui apparaît quand l'oxygène et l'eau attaquent le fer n'adhère pas au fer. Comme vous le savez de triste expérience, il a tendance à s'effeuiller et à s'effriter, découvrant en permanence des surfaces neuves de métal et les laissant à la merci de l'air et de l'eau. Il se trouve que l'arrangement moléculaire de l'oxyde de fer en fait un matériau peu résistant et friable et on ne peut rien y faire. Il existe cependant des produits sur le marché qui peuvent transformer la structure de la rouille en un revêtement résistant et adhérent. Vérifiez dans votre quincaillerie.

La seule technique de défense contre la rouille est donc d'éviter que le fer reste en contact prolongé avec l'humidité et l'oxygène. Ne rangez jamais vos outils s'ils sont mouillés. Et tout ce qui rentre dans un sac en plastique ne pourra rouiller que tant qu'il restera de l'oxygène et de l'eau dans le sac. Désolé, c'est à peu près tout ce que l'on peut faire, à part badigeonner de produit antirouille.

Voyez par vous-même

Même immergé dans l'eau, le fer ne rouille pas s'il n'y a pas d'oxygène. Faites bouillir vigoureusement de l'eau pendant quelques minutes pour vous débarrasser de la plupart de l'air dissous et laissez l'eau reposer une nuit dans un récipient en verre. Remplissez un récipient similaire avec de l'eau du robinet. Mettez un clou en fer dans chaque pot et attendez quelques jours. Le clou dans l'eau bouillie rouillera beaucoup moins que celui dans l'eau du robinet. (L'ébullition ne permet pas de se débarrasser de tout l'oxygène.)

Vous ne l'avez pas demandé, mais…

☞ Pourquoi le sel fait-il rouiller les voitures plus vite, qu'il soit présent dans l'air près de l'océan ou qu'il soit utilisé sur les routes en hiver ?

Pour que de la rouille se forme, il faut que du fer et de l'oxygène soient en contact; ils forment en fait une pile électrique miniature, à l'échelle atomique. C'est-à-dire que les molécules d'oxygène prennent des électrons aux atomes de fer. C'est exactement ce qui se produit dans une pile : un élément prend des électrons à un autre (voyez p. 41). Tout ce qui aide les électrons à passer des atomes de fer aux molécules d'oxygène favorisera ce processus.

Le sel accélère ce phénomène car, lorsqu'il est dissous dans l'eau, il forme une solution qui conduit bien les électrons. Ainsi, le sel favorise la rouille du fer en aidant à livrer les électrons des atomes de fer aux voraces molécules d'oxygène.

Le coin des scientifiques

Dans le processus plutôt complexe de rouille au niveau atomique, le sel aide également à conduire les atomes de fer chargés (les ions) là où ils ont besoin d'aller. De plus, le chlorure du sel (qui est du chlorure de sodium) a un autre effet particulier sur le fer. Mais cela nous emmène un peu trop loin. Faites-moi confiance. Ne conduisez pas votre voiture dans l'eau salée.

Au secours ! Mon antigel a gelé !

☞ En prévision d'un hiver particulièrement rigoureux, j'ai vidangé le système de refroidissement de ma voiture et j'ai mis de l'antigel pur au lieu du mélange antigel-eau habituel à 50-50. Mais un garagiste me dit que l'antigel pur gèle avant un mélange à 50 pour cent d'antigel. Comment est-ce possible ?

Aussi étrange que cela puisse paraître, votre garagiste a raison. Un mélange 50-50 d'éthylène glycol et d'eau ne gèle pas avant – 37 °Celsius alors que l'antigel pur gèle à – 12 °C. Voyons ce qui se passe.

Il s'avère que mélanger à peu près n'importe quoi avec de l'eau abaisse son point de congélation en dessous de la valeur habituelle de 0 °C. En principe, on peut ajouter du sel, du sucre, du sirop d'érable ou de l'acide de batterie au liquide de refroidissement, ils auront tous le même effet mais, pour des raisons évidentes, ce n'est pas recommandé.

Aux premiers jours de l'automobile, on utilisait parfois du sucre ou du miel comme antigel. Plus tard, on utilisa de l'alcool mais il bout trop vite. Aujourd'hui, on utilise un produit chimique liquide incolore appelé éthylène glycol, qui ne bout pas. L'antigel commercial contient également des inhibiteurs de rouille et des colorants qui lui donnent une couleur vive. Cette dernière aide à localiser les fuites du système de refroidissement et, mais ce n'est pas un hasard, à le faire paraître sophistiqué.

La capacité de protection contre le gel des substances dissoutes dans l'eau est liée à la différence fondamentale entre l'arrangement des molécules dans les liquides (comme l'eau) et dans les solides (comme la glace).

Dans l'eau, comme dans tous les liquides, les molécules glissent librement comme des corps huilés pendant une orgie. Elles sont légèrement attirées les unes vers les autres mais elles n'ont pas de positions fixes, comme c'est le cas dans les solides. C'est la raison pour laquelle on peut verser un liquide mais pas un solide.

Pour que de l'eau liquide gèle, ses molécules doivent ralentir et s'installer aux positions fixes et très précises qu'elles doivent occuper dans un cristal de glace. Si on leur donne suffisamment de temps pour trouver ces positions – c'est-à-dire si les molécules sont ralenties par un refroidissement progressif –, l'eau peut former des morceaux de glace assez gros. Et c'est exactement ce que l'on redoute car, quand l'eau gèle, elle se dilate (voyez p. 210) et la pression peut fissurer les tuyaux du circuit de refroidissement dans le bloc-moteur.

La présence de molécules étrangères dans l'eau, comme celles d'éthylène glycol, par exemple, met la pagaille dans le processus de refroidissement et cela de deux façons. Tout d'abord, en prenant de la place, elles perturbent la capacité des molécules d'eau à s'installer aux positions précises nécessaires à la formation d'un cristal de glace solide. C'est comme si un bataillon militaire essayait de se mettre en formation pendant qu'un groupe de civils courait dans tous les sens. En se mettant sur le chemin des molécules d'eau, les molécules étrangères empêchent les cristaux de glace de devenir aussi gros et uniformes qu'ils le voudraient. Même si l'eau gèle, c'est un amas de petits cristaux de glace qui se forme et pas un iceberg unique dur comme la pierre et dangereux pour le moteur.

Mais le principal effet des molécules extérieures sur le gel de l'eau, c'est d'empêcher l'eau de geler avant une température inférieure à la normale. En effet, les molécules d'éthylène glycol « diluent » les molécules d'eau, réduisant ainsi le nombre de molécules d'eau qui peuvent se regrouper en un endroit pour former un cristal de glace. De ce fait, il faut ralentir encore plus les molécules d'eau en faisant davantage baisser la température pour qu'un nombre suffisant d'entre elles trouvent leur place et forment un cristal.

Pourquoi alors l'éthylène glycol pur gèle-t-il à une température plus élevée que lorsqu'il est mélangé avec de l'eau ? Il gèle plus rapidement car les molécules d'éthylène glycol sont perturbées par les molécules d'eau, tout comme les molécules d'eau le sont par celles d'éthylène glycol. L'eau abaisse le point de congélation de l'éthylène glycol, de même que l'éthylène glycol abaisse le point de congélation de l'eau. Ainsi, l'éthylène glycol ne gèle pas aussi facilement lorsqu'il est mélangé à de l'eau que lorsqu'il est pur.

Oui, on peut dire que l'eau empêche l'antigel de geler.

Vous ne l'avez pas demandé, mais…

☞ **L'étiquette sur ma bouteille d'antigel dit que non seulement il empêche le liquide de refroidissement de geler mais qu'il l'empêche également de bouillir. En quoi l'ébullition est-elle reliée au gel ?**

En perturbant les molécules d'eau, les substances dissoutes n'abaissent pas seulement son point de congélation, elles augmentent également son point d'ébullition en empêchant les molécules d'eau de s'envoler dans les airs aussi facilement (voyez p. 51). Lorsqu'elle contient de l'éthylène glycol, l'eau de votre liquide de refroidissement doit atteindre une température supérieure à la normale pour bouillir. Un mélange 50-50 d'eau et d'éthylène glycol ne bout pas avant 108 °C. Ce n'est cependant pas aussi avantageux que ça l'était car les systèmes de refroidissement modernes sont pressurisés et, lorsque la pression s'élève, les points d'ébullition de l'eau et de l'éthylène glycol augmentent au-delà de leur valeur à pression atmosphérique (voyez p. 217).

Brève de comptoir

Dans le circuit de refroidissement d'une voiture, de l'antigel pur gèle plus tôt qu'un mélange eau-antigel. L'eau empêche l'antigel de geler.

Le trophée Andros : une fois mais pas deux

☞ Je vis dans une région froide, et l'allée de mon garage est assez pentue. Quand mon allée est verglacée, je la saupoudre de sable pour améliorer l'adhérence de mes pneus. Mais, la dernière fois que j'ai essayé (et ce sera la dernière fois), le sable n'a pas rempli sa mission. Il s'est comporté comme des petites billes sous mes pneus, ce qui eut des conséquences très déplaisantes. Pourquoi le sable n'a-t-il pas donné d'adhérence à ma voiture ?

Il faisait très froid, non ? Aux environs de –20 °Celsius, peut-être ? Voilà le problème. Le sable ne fonctionne pas quand il fait trop froid.

Pour améliorer l'adhérence, les grains de sable doivent s'incruster partiellement dans la glace, formant ainsi de petites bosses sur ce qui était auparavant une surface lisse – transformant la glace en « papier de verre ». C'est la pression de la voiture sur le sable qui permet cela. Quand le pneu presse un grain de sable contre la glace, un peu de glace fond sous le grain, qui s'enfonce. La glace regèle ensuite autour du grain.

La glace fond sous cette pression car le volume de la glace est supérieur à celui de l'eau. Quand elle est sous pression, elle repasse à sa forme moins volumineuse : l'eau liquide (voyez p. 220). Sans cette fonte induite par la pression, le sable ne pourrait pas s'incruster dans la glace.

Le problème, c'est que plus la glace est froide et plus il faut une pression importante pour la faire fondre. En effet, les molécules d'eau sont fixées en place de façon plus rigide et il est plus difficile de les convaincre de se libérer et de bouger librement, comme c'est le cas pour les molécules d'eau liquide. Bien que votre voiture applique une pression très forte sur le grain de sable, cette pression n'est pas suffisante pour faire fondre la glace à une telle température.

Vous ferez peut-être mieux au pied. Un pneu en caoutchouc n'est pas le meilleur appareil pour imposer une pression en raison de son élasticité. La semelle de vos chaussures est probablement plus dure.

Même si, comme je le suppose, vous pesez moins du quart du poids de votre voiture (ce que supporte chacun des pneus), vous appliquerez peut-être plus de pression aux grains de sable – plus de kilogrammes par centimètre carré – que votre voiture et le sable s'incrustera grâce au mécanisme de fonte.

Le sel et la glace

☞ **Quand l'allée de mon garage est verglacée, je répands du sel et la glace fond. Mais comment peut-on faire fondre de la glace sans chaleur ? J'ai entendu dire que c'est parce que le sel abaisse le point de congélation de l'eau mais qu'est-ce que ça peut bien vouloir dire pour la glace ? Elle est déjà gelée.**

Contrairement à ce que tout le monde dit, la glace de votre allée ne *fond* pas, pas plus que le sucre ne *fond* dans le café ou le thé. Les gens confondent souvent *fonte* et *dissolution*. (« Je n'ai pas besoin de parapluie, je ne vais pas fondre pas sous la pluie. ») Mais la fonte, comme vous l'avez noté, demande de la chaleur. On peut faire fondre de la glace ou du sucre (voyez p. 66) en les chauffant mais ce n'est pas ce que le sel fait à la glace. Le sel *dissout* la glace.

La plupart d'entre nous utilisent le mot *fondre* pour décrire l'action du sel sur la glace seulement parce que la glace disparaît et qu'un liquide – de l'eau salée – apparaît. Et il se trouve que *fondre* est le mot que nos ancêtres ont inventé pour « glace part, eau arrive ». Les professeurs et les manuels de science feraient cependant bien de ne pas tomber dans ce piège linguistique.

Comme beaucoup d'autres, vous avez sans doute appris à l'école que « le sel abaisse le point de congélation de l'eau ». Mais ce n'est pas littéralement vrai non plus. Saler votre allée ne peut absolument pas changer le point de congélation de l'eau – la température à laquelle notre bonne vieille Hachedeuzo a l'habitude de geler ou de fondre. Cette température – c'est la même pour la solidification et pour la fusion (voyez p. 66) – est de 0 °Celsius. Ça a toujours été comme et ce sera toujours comme ça. Ce que les manuels et les professeurs *devraient* dire, c'est que l'*eau salée* gèle à une température plus basse que l'*eau pure* (voyez p. 94). C'est une affirmation tout à fait différente.

Sur votre allée, le sel transforme d'abord la glace en eau salée, eau salée qui ne gèle pas car *son* point de congélation – et pas celui de l'*eau* – est en fait inférieur à la température de l'air. Une petite différence, peut-être, mais une différence essentielle pour comprendre ce qui se passe.

Tout d'abord, comment le sel transforme-t-il la glace en eau salée ? Il se trouve que les atomes de sodium et de chlore (en réalité, ce sont des *ions* de sodium et de chlore, mais ne chipotons pas) qui constituent le chlorure de sodium, ou sel, ont une grande affinité pour les molécules d'eau. (Les fabricants doivent ajouter des agents anti-agglomérants pour empêcher le sel de table de coller dans la salière à cause de l'humidité de l'air.) Quand un cristal de sel atterrit à la surface de la glace, les atomes de sodium et de chlore du sel tirent quelques molécules d'eau de la surface. Ensuite, ils se dissolvent dans cette eau : une petite mare d'eau salée se forme autour du cristal. La mare d'eau salée ne gèle pas car *son* point de congélation est inférieur à la température de l'air.

Les atomes de sodium et de chlore qui sont maintenant dissous dans l'eau salée continuent à grignoter la surface de la glace comme des piranhas dévorant une boulette de viande dans un bol de punch. Au fur et à mesure de ce processus, de la glace se dissout dans l'eau salée, ce qui augmente la taille de la mare. Finalement, soit la glace est totalement consommée, soit l'eau salée se dilue tellement que son point de congélation remonte jusqu'à la température de l'air et qu'elle gèle. Mais, lorsqu'elle gèle, l'eau salée se transforme en « soupe » et pas en glace dure. Dans les deux cas, vous avez accompli votre mission de détruire la glace.

Brève de comptoir

Le sel ne fait pas fondre la glace.

Comme l'eau sur les plumes d'un cygne

☞ Pourquoi l'eau et l'huile ne se mélangent-elles pas ?

Normalement, l'eau est le meilleur solvant du monde et pas seulement mélangée au Scotch. Elle se mélange avec, elle s'associe intimement avec, elle accueille même en son sein – c'est-à-dire qu'elle *dissout* – plus de substances que n'importe quel autre liquide. C'est la raison pour laquelle on la qualifie parfois de solvant universel.

Il existe toutefois une famille de substances que l'eau déteste et qu'elle fuit invariablement : les huiles. L'eau ne s'approchera même pas assez près d'une goutte d'huile pour la mouiller et encore moins pour la dissoudre. L'eau roule sur le dos d'un cygne car les plumes du cygne sont couvertes d'huile; et elles ne se mouillent même pas quand le cygne plonge. Mais, ça, vous le saviez déjà.

Comme des invités à une soirée mondaine, les molécules doivent au moins avoir quelque chose en commun pour que le mélange puisse avoir lieu. Les molécules d'eau et d'huile n'ont pratiquement rien en commun. L'eau, comme vous le savez peut-être, est constituée de petites molécules contenant trois atomes : deux atomes d'hydrogène et un atome d'oxygène. Les huiles, en revanche, sont constituées de grosses molécules contenant beaucoup de carbone et d'hydrogène mais pas d'oxygène du tout. Même si la soirée est intime, il y a très peu de chances que ces deux-là se rencontrent et s'associent.

Qu'y a-t-il dans les huiles qui en font des parias dans le monde vaste, large et merveilleux de l'eau, le liquide le plus abondant sur la Terre ? Une fois que nous aurons compris pourquoi l'eau est un si bon solvant pour tant d'autres substances, nous verrons que les huiles n'ont tout simplement pas ce qu'il faut pour se dissoudre dans l'eau.

Dans l'eau pure, comme dans tous les liquides, les molécules sont liées les unes aux autres par une sorte d'attraction mutuelle. Si ce n'était pas le cas, elles voleraient dans les airs et le liquide ne serait plus un liquide, ce serait un gaz. L'attraction entre les molécules d'eau est assez spéciale. Elle provient du fait que les molécules d'eau sont *polaires* : elles sont comme de petits aimants mais, au lieu d'avoir de petits pôles *magnétiques* nord et sud à leurs extrémités, elles ont des pôles *électriques* négatif et positif – c'est-à-dire des charges électriques négative et positive (voyez p. 69).

Ainsi, si l'on considère un verre d'eau comme un verre plein de petits aimants agglutinés, on voit pourquoi elle a peu d'intérêt à s'associer avec une substance dont les molécules ne seraient pas, elles aussi, des aimants. Les aimants ne sont attirés par rien d'autre que par d'autres aimants. Oui, un aimant est attiré par un morceau de fer ordinaire mais, à l'intérieur, il y a des milliards de minuscules aimants (voyez p. 243).

Ce n'est que si une substance contient des atomes ou des molécules portant des pôles électriques que l'eau sera attirée, la mouillera puis l'enveloppera et la dissoudra. Beaucoup de substances présentent cette propriété et se mélangent avec l'eau mais ce n'est absolument pas le cas des huiles car ces grosses et longues molécules n'ont rien de polaire – elles n'ont pas de pôles électriques. Il n'y a donc rien qui pourrait attirer une molécule d'eau.

La *dissolution* est le mélange le plus intime possible. Les molécules d'une substance se glissent, une par une, parmi les molécules individuelles de l'autre. Quand on s'intéresse à la dissolution, on pourrait donc conclure que seulement ce qui se ressemble pourrait avoir envie de s'assembler de façon aussi proche. Moins poétiques, les chimistes préfèrent dire : « Telle substance dissout telle autre », c'est-à-dire que seules les substances qui ont des molécules similaires à celles de l'eau ont des chances de se mélanger avec elle. Et il en va de même pour les molécules d'huile avec les autres huiles.

En généralisant encore un peu plus, on pourrait s'attendre à ce qu'une substance, quitte à se dissoudre, se dissolve soit dans l'eau soit dans l'huile, mais pas dans les deux. Et c'est en général le cas. Le sel et le sucre (voir ci-dessous) se dissolvent dans l'eau; l'essence, les graisses et les cires se dissolvent dans l'huile. Mais jamais l'inverse.

Le coin des scientifiques

En plus de l'attraction de molécules polaires, ou « aimants électriques », entre elles, il existe une autre forme importante d'attraction entre les molécules d'eau. On l'appelle **liaison hydrogène**. Sans entrer dans le détail, disons juste qu'elle peut exister quand les molécules possèdent un atome d'hydrogène plus un atome d'oxygène – un « groupement hydroxy », OH – à une extrémité. Les molécules d'eau entrent parfaitement dans cette catégori, et elles s'attirent mutuellement par liaison hydrogène aussi bien que par attraction polaire.

Dans la théorie « telle substance dissout telle autre », d'autres molécules sensibles aux liaisons hydrogène devraient également bien se dissoudre dans l'eau. Et c'est le cas. Le sucre (saccharose) est un exemple familier. Il se dissout dans l'eau, non pas parce que ses molécules sont des « aimants électriques » mais parce qu'elles portent le groupement hydroxy et forment donc des liaisons hydrogène avec les molécules d'eau. La molécule de saccharose contient en fait huit groupements hydroxy.

Si les molécules d'huile ne sont pas polaires et si elles ne forment pas de liaisons hydrogène, alors qu'est-ce qui les lie les unes aux autres ? C'est une forme d'attraction entre molécules totalement différente, que l'on appelle **liaison de van der Waals**, dont nous n'avons pas besoin d'encombrer notre cerveau. (Mais voyez p. 103 si vous y tenez.) Il suffit de dire que ces liaisons sont aussi étrangères aux molécules d'eau que les pôles électriques le sont aux molécules d'huile. L'antipathie de l'eau pour l'huile est donc réciproque.

Terrain glissant

☞ Pourquoi l'huile lubrifie-t-elle si bien ?

De toute évidence, parce qu'elle est très glissante. Mais qu'est-ce qui rend une substance glissante ?

Tous les liquides à un certain degré sont glissants. Un sol mouillé ou une route mouillée – mouillés avec de l'eau – représentent un danger bien connu qui permet à de nombreux avocats américains de s'acheter de beaux costumes. Mais l'eau ne peut pas servir de lubrifiant pour nos moteurs et autres appareils car elle n'est vraiment pas très glissante et s'évapore facilement.

L'huile est beaucoup plus glissante que l'eau parce que ses molécules (vous saviez que c'est une question de molécules, n'est-ce pas ?) peuvent glisser les unes sur les autres beaucoup plus facilement que les molécules d'eau. Et, comme un liquide n'est rien d'autre qu'un empilement de molécules, quand les molécules glissent, *vous* glissez. Vous ne seriez pas surpris(e) de glisser sur des billes, n'est-ce pas ?

Les molécules d'eau ne glissent pas aussi facilement que les molécules d'huile car elles sont assez fortement attirées les unes vers les autres (voyez p. 102). Le type particulier d'attraction entre les molécules d'eau se retrouve surtout dans les molécules qui contiennent des atomes d'oxygène, comme c'est le cas pour l'eau : l'oxygène est le O de H_2O.

Mais les molécules d'huile, par exemple les molécules des hydrocarbures qui composent ce méli-mélo chimique noir et gluant que l'on appelle pétrole, ne contiennent rien d'autre que des atomes d'hydrogène et de carbone mais aucun atome d'oxygène. Elles ne collent donc pas très bien les unes aux autres et peuvent facilement glisser les unes sur les autres. Ce sont donc de bons lubrifiants.

Le coin des scientifiques

Les molécules d'huile doivent trouver une autre façon de se coller les unes aux autres. En effet, si elles n'étaient pas liées les unes aux autres, elles voleraient dans les airs sous forme de vapeur et tous les rouages de notre civilisation s'arrêteraient en grinçant dans un nuage de fumée.

*Les molécules d'huile sont liées les unes aux autres par ce que les chimistes appellent les **liaisons de van der Waals**. Ils expliquent ces forces en battant des bras et en marmonnant des choses sur les nuages d'électrons. D'après ce qu'ils nous disent, quand des atomes se regroupent sous forme de molécule, ils mettent leurs électrons en commun pour former un gros nuage spongieux d'électrons qui grouillent autour de la molécule comme une bande de moucherons autour d'une grappe de raisin. Ainsi, quand deux molécules se rencontrent, la première chose qu'elles voient, c'est le nuage électronique de l'autre. Des moucherons rencontrant d'autres moucherons.*

Jusque-là, très bien. Personne ne conteste cette vision, qui a bien servi aux chimistes pour expliquer comment les molécules interagissent les unes avec les autres. Et c'est là que ça devient bizarre. Malgré le fait que tous les électrons de ces nuages ont la même charge électrique (négative) et devraient donc se repousser, ils sont censés s'**attirer** d'une façon ou d'une autre et ainsi lier les molécules. C'est ce que le professeur van der Waals a dit, et cela lui a valu le prix Nobel de physique en 1910. Allez donc vous opposer à ça.

Quoi qu'il en soit, les attractions de van der Waals lient les molécules d'huile – en particulier les grosses molécules qui possèdent de gros nuages d'électrons – suffisamment pour qu'elles ne s'évaporent pas. Mais, comme elles ne sont liées entre elles que par des nuages d'électrons mous et déformables, les molécules peuvent facilement glisser les unes sur les autres.

Gonflé à bloc

☞ Comment se fait-il que je puisse gonfler mes pneus de bicyclette à 4 bars en un rien de temps alors que je dois transpirer à grosses gouttes pour faire légèrement augmenter la pression de mes pneus de voitures, qui ne sont gonflés qu'à 2 bars ?

Vous ne luttez pas seulement contre la pression : il faut aussi tenir compte du volume. Il faut pomper beaucoup plus longtemps pour faire monter la pression d'un pneu de voiture que celle d'un pneu de vélo.

Le bar est une unité de pression; une pression est une force par unité de surface. Un bar vaut un kilogramme par centimètre carré (soit dix tonnes par mètre carré). Cette force est l'effet cumulé des milliards de molécules d'air dans le pneu qui bombardent continuellement chaque centimètre carré de l'intérieur du pneu. Plus vous forcez de molécules d'air à entrer dans le pneu, plus il y aura de bombardement et plus la pression sera élevée. C'est la raison pour laquelle ajouter de l'air fait monter la pression.

Comme vous l'avez deviné, il devrait être plus dur de faire entrer de l'air dans un pneu à 4 bars que dans un pneu à 2 bars. Les molécules d'air à l'intérieur du pneu bombardent l'ouverture de la valve; de ce fait, il est plus difficile de faire entrer de nouvelles molécules. Chaque « coup de pompe » requiert effectivement plus d'effort pour surmonter les 4 bars de pression de votre vélo que pour les 2 bars de votre voiture. Vous devez appliquer deux fois plus de force sur la poignée de la pompe pour gonfler votre vélo.

Alors pourquoi avez-vous plus de mal à gonfler les pneus de votre voiture ?

Un pneu de voiture classique a un volume six à huit fois supérieur à celui d'un pneu de vélo ordinaire. Pour avoir la même pression – le même taux de bombardement de molécules par centimètre carré – dans les deux pneus, il faudrait qu'il y ait six à huit fois plus de molécules d'air dans le pneu de la voiture. Ainsi, pour faire monter la pression dans le pneu de voiture d'une quantité donnée, il faut pomper six à huit fois plus d'air – en pompant six à huit fois plus – que pour faire augmenter la pression du pneu de votre vélo de la même quantité. Bien que chaque mouvement vous demande moitié moins d'effort, vous travaillez quand même trois ou quatre fois plus dur.

Ça chauffe !

☞ **Quand je gonfle les pneus de mon vélo avec une pompe, la base de la valve chauffe. Je suppose que cela provient des frottements de l'air qui se comprime pour passer dans la valve étroite. Mais, quand je fais la même chose dans une station-service, la valve ne chauffe pas. Comment cela se fait-il ?**

Ça ne peut pas provenir des frottements car, dans les deux cas, à peu près la même quantité d'air est passée par la valve. La réponse est que, lorsqu'on le compresse – lorsqu'on le met de force dans un petit espace –, l'air (ou tout autre gaz) chauffe.

Quand vous utilisez votre pompe à main, vous comprimez l'air dans la pompe alors que, quand vous utilisez le compresseur de votre station-service, vous utilisez de l'air *déjà* comprimé. Le gaz de la station-service a bien chauffé au moment où il a été comprimé dans le réservoir. Au moment où vous arrivez, les pneus à plat, cet air a eu tout le temps de refroidir. Tout ce que vous faites, c'est prélever un peu de cet air stocké. Il n'y a pas de compression et donc pas d'élévation de température.

Pourquoi le fait de comprimer un gaz le fait-il chauffer ?

Eh bien, les molécules d'air sont des esprits libres : elles virevoltent en restant aussi éloignées que possible les unes des autres, dans les limites de leur récipient. Pour les forcer à se rapprocher – pour les comprimer dans un pneu, par exemple –, il faut s'opposer à leur propension à voler dans tous les sens en leur appliquant une force. Quand vous vous servez de votre pompe, la sueur sur votre front vous indique que vous communiquez de l'énergie musculaire au gaz.

Mais que font les molécules de cette énergie ? Incapables de s'éloigner autant qu'avant, elles utilisent l'énergie que vous leur donnez pour voler plus rapidement. Et des particules plus rapides sont des particules plus chaudes; la chaleur n'est rien de plus qu'une mesure de la vitesse de déplacement des particules. Ainsi, votre énergie musculaire sert à chauffer le gaz dans le pneu.

Vous ne l'avez pas demandé, mais…

☞ Si le fait de comprimer de l'air le fait chauffer, est-ce que l'air se refroidit lorsqu'il se détend ?

Tout à fait. Et c'est exactement ce qui se produit dans le réservoir d'air comprimé de votre station-service quand vous permettez à une partie de son contenu de se détendre à l'air libre.

Pourquoi une détente fait-elle refroidir un gaz ? Eh bien, si on autorise soudainement une troupe de molécules de gaz volantes à occuper un espace plus grand, les molécules doivent jouer des coudes pour repousser ce qui occupait auparavant cet espace – en général, l'atmosphère. Dans ce processus, le gaz consomme une partie de son énergie et les molécules de gaz ralentissent. (Si le gaz se détend dans le vide, cela n'est plus valable.) Un gaz dont les molécules sont plus lentes est un gaz dont la température est plus faible.

Voyez par vous-même

La prochaine fois que vous prendrez l'avion par temps humide, regardez les ailes de l'avion au décollage, lorsque la portance est maximale. Vous verrez peut-être une couche de brouillard juste au-dessus de la surface des ailes. C'est un exemple du refroidissement qui accompagne la détente d'un gaz. L'air qui passe au-dessus de l'aile se dilate par rapport à celui qui passe en dessous. (Le principe de Bernouilli et tout ça, demandez à n'importe quel pilote[1].) L'air au-dessus de l'aile peut refroidir suffisamment pour condenser la vapeur d'eau de l'air, qui forme alors une traînée de brouillard visible.

1. Pour les raisons qui font que les avions volent, voyez « Ce qu'Einstein disait à son coiffeur ».

Un couple de gaz peu recommandables

☞ Quelle est la différence entre le monoxyde et le dioxyde de carbone ? Je suppose que monoxyde signifie un « oxyde » (quoi que ce soit) et que dioxyde signifie deux d'entre eux. Ça ne me pose pas de problème mais sont-ils toxiques ? Quel est leur lien avec les gaz d'échappement de voiture, les radiateurs à pétrole et la fumée de cigarette ?

Ce sont tous les deux des gaz dangereux, mais de façon très différente.

Il y a normalement dans l'atmosphère de petites quantités de dioxyde de carbone (voyez p. 66). Il provient des volcans, de la décomposition des matières végétales et animales, de la combustion du charbon et du pétrole et de l'ouverture des canettes de bière, qui ne représente toutefois pas la source principale malgré ce que semblent montrer les pubs télévisées américaines. Néanmoins, 5 milliards de tonnes de dioxyde de carbone sont produits chaque année aux États-Unis et une bonne partie de cette production est liée aux 8 milliards de canettes de soda et aux 180 millions de fûts de bière que les Américains ingurgitent chaque année.

De toute évidence, le dioxyde de carbone n'est pas nocif en lui-même. Le seul problème, c'est qu'il n'alimente ni la combustion ni la respiration (voyez p. 137) et, si on lui en donne l'occasion, il étouffe les feux et les gens. Comme le dioxyde de carbone est plus lourd que l'air, il se place aussi près du sol que possible et flotte sous forme de couverture invisible, remplaçant l'air et étouffant tout ce qu'il couvre. C'est ce qui s'est produit au Cameroun en 1986, quand le Lac Nios éructa une énorme bulle de six cents tonnes de dioxyde de carbone volcanique qui se répandit ensuite aux alentours et étouffa 1 700 personnes et d'innombrables animaux.

Voyez par vous-même

Allumez une bougie votive – une bougie dans une petite coupe en verre. Pas la peine de prier. Produisez maintenant du dioxyde de carbone en versant un peu de vinaigre sur du bicarbonate de soude dans un grand verre. Lorsque le dioxyde de carbone forme des bulles et remplit le verre, versez-le sur votre bougie comme si vous versiez un liquide invisible. (Faites attention à ne pas verser de liquide.) La bougie s'éteindra, noyée sous un flot de gaz invisible.

Le monoxyde de carbone, en revanche, est un véritable fléau, même en très faibles quantités. Une fois respiré, il passe directement des poumons au sang, où il réagit très rapidement avec l'hémoglobine, l'empêchant d'accomplir sa mission vitale de transport de l'oxygène vers les cellules, la privation d'oxygène entraînant la mort. Le monoxyde de carbone est la principale cause de mort par empoisonnement aux États-Unis.

Quand une substance contenant du carbone brûle dans de l'air – du carburant de votre voiture au pétrole de votre radiateur en passant par le tabac de vos cigarettes –, il se forme du monoxyde de carbone. S'ils avaient de l'air en quantité illimitée, ces carburants brûleraient de façon complète, jusqu'à former du *di*oxyde de carbone – deux atomes d'oxygène pour chaque atome de carbone. Mais il y a toujours une limite pratique à la vitesse à laquelle l'oxygène peut arriver jusqu'au lieu de la combustion. Ainsi, il y a invariablement certains atomes de carbone qui ne peuvent s'attacher qu'à un atome d'oxygène au lieu de deux. Résultat : du *mon*oxyde et pas du *di*oxyde.

Aux États-Unis, les voitures recrachent environ 150 millions de tonnes de monoxyde de carbone chaque année. Dans un embouteillage, le niveau de monoxyde de carbone dans l'air peut atteindre des niveaux incommodants (fatigue, maux de tête, nausée), voire dangereux. Les radiateurs à pétrole ou au gaz, les chauffe-eau et les chaudières au gaz, les plaques au gaz et les fours, les séchoirs au gaz, les poêles à bois, les barbecues à charbon et les cigarettes produisent tous du monoxyde de carbone et ne doivent être utilisés quand dans des espaces bien ventilés.

Ne fumez donc pas en conduisant. En particulier à l'intérieur, quand le radiateur à pétrole est en marche.

Une tonne de sueur de pigeon

☞ Devant un restaurant de routiers, j'en ai vu un taper avec une batte de base-ball sur les flancs de sa remorque. Quand je lui ai demandé ce qu'il faisait, il m'a expliqué : « Mon semi-remorque fait une tonne de trop. Je transporte deux tonnes de pigeons; je dois donc en garder la moitié en l'air. » OK, c'est une blague, mais est-ce que ça marcherait vraiment ?

Une très vieille blague, en effet, mais une question scientifique très intéressante.

Non, ça ne marcherait pas.

Considérons les choses de cette façon. La remorque est une boîte pleine de marchandises. La boîte pèse deux tonnes. Est-ce que le fait de taper dessus peut changer son poids, qu'elle soit remplie de lingots d'or, de plumes d'oie, de pigeons ou de papillons ? De toute évidence, non. Le poids d'un ensemble d'objets est la somme des poids de leurs molécules, quelle que soit la façon dont on les réarrange.

Mais ce qui perturbe beaucoup de gens, c'est le fait que les papillons ou les pigeons qui volent ne reposent pas sur le sol, comme les autres types de marchandises. Comment le poids peut-il donc se transmettre à un pont à bascule sur lequel un inspecteur placerait le camion ?

Par l'intermédiaire de l'air.

Après tout, l'air est une substance, bien que fine et invisible (voyez p. 159). Il est constitué de molécules, comme tout le reste, et il a donc un poids : 1,29 kilogramme par mètre cube, pour être précis. Le pigeon terrifié qui est catapulté pour un vol inattendu se maintient en l'air en s'appuyant sur l'air grâce à ses ailes. (C'est une version un peu simplifiée du vol d'un oiseau mais ça fera l'affaire.)

Quand les ailes appuient sur l'air, la poussée se transmet, molécule par molécule, à travers l'air. (Vous pourriez sentir la brise si vous y étiez, n'est-ce pas ?) L'air qui subit une force pousse à son tour sur tout ce avec quoi il est en contact, y compris les murs, le sol et le plafond de la remorque. La force de la poussée des ailes des pigeons reste donc complètement à l'intérieur de la remorque et ne change donc pas le résultat de la pesée.

Mais, pourriez-vous dire, quand le pigeon décolle, ne pousse-t-il pas sur le sol de la remorque, la rendant ainsi instantanément plus lourde et pas plus légère ? Et, même une fois le pigeon en l'air, les poussées des ailes vers le bas n'appliquent-elles pas une force supplémentaire vers le bas à la remorque par l'intermédiaire de l'air, la rendant encore instantanément plus lourde ?

Vous avez doublement raison. Mais, selon Isaac Newton, toute action entraîne une réaction égale et opposée. Ainsi, la poussée vers le bas sur la remorque est exactement compensée par une poussée égale vers le haut sur les pigeons. Quand on y pense, c'est exactement pour ça qu'ils battent des ailes.

Ce que le routier aurait sans doute dû faire, c'est mettre un chat dans la remorque et installer un système pour évacuer la sueur des pigeons.

Le coin des scientifiques

Non, les pigeons ne transpirent pas.

Chapitre 4

Le marché

Du vendeur de rue au plus luxueux des centres commerciaux, c'est toujours la même vieille histoire : des gens qui vendent et des gens qui achètent. Les vendeurs ont toujours l'avantage car ils savent exactement ce qu'ils vendent, alors que les acheteurs courent des risques. Dans de nombreux cas, l'acheteur non seulement ne connaît pas la vraie nature du produit mais ne peut même pas l'examiner en détail à travers un écran de promotions, d'emballages et de baratin.

Dans cette partie, nous examinerons de quoi sont vraiment faits certains produits, au-delà de l'aspect de surface. Nous visiterons le supermarché, la quincaillerie, le drugstore et un restaurant, avec un arrêt ou deux au bar du coin.

Magique

☞ **Comment ces « plateaux de décongélation naturelle » fonctionnent-ils ? Ils sont censés transférer directement la chaleur de l'air pour décongeler rapidement les aliments, pourtant ils n'ont besoin ni de piles ni d'électricité.**

Ils sont également particulièrement efficaces pour transférer directement l'argent de votre porte-monnaie dans les poches des vendeurs. Il s'agit d'un remarquable miracle de technologie digne de l'âge de l'espace que l'on appelle une *plaque de métal*.

De tous les types de matériaux, les métaux sont les meilleurs conducteurs de chaleur. Ainsi, si vous mettez votre rôti congelé sur une plaque de métal, ce métal conduit consciencieusement la chaleur de la pièce chaude au rôti froid, qui dégèle relativement rapidement. C'est tout. Cela n'a rien de plus remarquable que le fait qu'une plaque de métal vous paraisse froide (« le froid de l'acier ») car elle conduit la chaleur de votre peau chaude vers la pièce de métal plus froide en comparaison. Laisser des aliments congelés à l'air libre est le moyen le plus lent de les faire décongeler car l'air est à peu près le pire conducteur de chaleur.

Le plateau « miraculeux et entièrement naturel » de décongélation, composé d'un « alliage avancé super-conducteur », n'est rien d'autre qu'une plaque d'aluminium. L'aluminium conduit la chaleur à peu près moitié aussi bien que l'argent, le meilleur des conducteurs (voyez p. 36). L'aluminium coûte environ 1 euro le kilo mais vous paierez 15 à 20 euros pour un miraculeux plateau de décongélation du même poids.

Ah, oui, un détail. Dans le mode d'emploi, on vous dit de « préparer » le plateau en le mettant sous l'eau chaude pendant une minute avant de l'utiliser et une autre fois en milieu de décongélation. Je trouve que ça ressemble à de la triche.

Mais ce qui accroche beaucoup de gens, c'est l'expérience stupéfiante que les fabricants du plateau vous proposent de faire : mettez un glaçon sur le plateau miracle et un autre sur le plan de travail de votre cuisine à côté. Regardez ! Le glaçon sur le plateau fond rapidement, alors que l'autre reste juste là, embarrassé. Ça marche vraiment.

Que se passe-t-il ? Eh bien les gens qui vendent les plateaux sont à peu près sûrs que le plan de travail de votre cuisine est en plastique mélaminé, en carrelage ou en bois – des matériaux qui conduisent si mal la chaleur que ce sont en fait des isolants. Naturellement, le glaçon ne fond pas aussi vite sur un isolant que sur un conducteur de chaleur comme le métal. Mais essayez de faire ceci : mettez un glaçon sur le plateau que vous n'aurez pas chauffé et un autre sur une poêle en aluminium à côté. Vous constaterez qu'ils fondent à la même vitesse.

Voyez par vous-même

Vous pouvez décongeler vos surgelés rapidement en les déballant et en les plaçant sur une lourde poêle froide en métal – ou, pour une décongélation encore plus rapide, sur une poêle que vous aurez chauffée avec de l'eau (pas sur une plaque). Excepté les poêles en fonte, les poêles à frire sont délibérément conçues pour être de bons conducteurs de chaleur, si bien qu'une poêle qui n'est pas en fer fonctionne aussi bien que ces « plateaux miracles ». (Le fer conduit la chaleur trois fois moins bien que l'aluminium.)

Bien sûr, si vous aviez un grand plateau en argent… Et le plateau à thé en argent sterling que votre grand-mère vous a offert ? Il contient 92,5 % d'argent et il marche deux fois mieux que votre bout d'aluminium hors de prix.

Un jour brumeux au bar

☞ **J'ai dû ouvrir des milliers de bouteilles de bière dans ma vie. (Pas de commentaires, s'il vous plaît, je suis barman.) Souvent, quand j'ouvre une bouteille, des volutes de brume apparaissent au niveau du goulot de la bouteille et une partie déborde même de l'ouverture. J'ai vu mon lot de clients embrumés, mais qu'est-ce qui embrume la bière ?**

Ce brouillard est exactement identique à un autre : un ensemble de petites particules d'eau liquide qui ont condensé en raison de la baisse de température mais qui sont trop petites pour tomber comme de la pluie. Elles restent en suspension car elles sont constamment bombardées par des molécules d'air. Elles nous paraissent blanches car elles réfléchissent de la même façon toutes les longueurs d'onde de la lumière (voyez p. 44).

Votre étonnement vient sans doute du fait que l'on ne voit pas de brouillard dans la bouteille avant de l'ouvrir, alors que sa température est la même avant et après. Qu'est-ce qui cause l'apparition du brouillard lors de l'ouverture ?

L'espace au-dessus de la bière dans une bouteille qui n'a pas été ouverte contient un mélange de dioxyde de carbone, d'air et d'eau (tous gazeux) comprimés. Les molécules d'eau dans la vapeur sont satisfaites de leur situation – éloignées les unes des autres sous forme de gaz invisible, plutôt que groupées sous forme de particules de brouillard. C'est parce qu'elles sont arrivées là en s'échappant de la surface de la bière et que, à cette température, seulement un petit nombre de molécules liquides ont suffisamment d'énergie pour s'envoler (voyez p. 48). (En jargon scientifique : la vapeur d'eau est en *équilibre* avec le liquide à cette température.) Les molécules d'eau restent ainsi jusqu'à ce que vous veniez tout perturber en enlevant la capsule et en libérant le gaz.

Quand vous enlevez la capsule, les gaz comprimés peuvent soudainement se détendre et, quand un gaz se détend, il perd une partie de son énergie et refroidit (voyez p. 139). Les gaz sont maintenant suffisamment froids pour condenser une partie de l'eau : du brouillard apparaît.

Si vous posez la bouteille devant le consommateur au lieu de verser immédiatement son contenu, vous verrez peut-être une partie du brouillard s'élever au-dessus du goulot de la bouteille et se répandre sur le bar. Le dioxyde de carbone gazeux dissous quitte maintenant la bière et rencontre l'air plus chaud en haut de la bouteille. Lorsqu'il se détend, il soulève une partie du brouillard. Ensuite, comme le dioxyde de carbone est plus lourd que l'air, il descend comme une fontaine invisible, emportant une partie du brouillard avec lui le long de la bouteille.

Sans vouloir vous froisser, si vous travailliez dans un établissement plus chic, vous observeriez exactement le même effet en ouvrant des bouteilles de champagne, pour exactement les mêmes raisons.

Des calories, des calories et encore des calories

☞ **Toutes les étiquettes des produits sur les étagères de nos supermarchés nous indiquent combien de calories ces aliments contiennent. Je sais ce qu'est une calorie – c'est une quantité d'énergie – mais comment détermine-t-on la quantité d'énergie apportée par un aliment ? Est-ce qu'on en nourrit des rats avant de les mettre sur un tapis roulant pour voir jusqu'où ils peuvent aller ?**

L'énergie de nos aliments n'est pas uniquement consacrée à l'exercice physique. Notre corps utilise cette énergie non seulement pour se déplacer mais également pour digérer et métaboliser la nourriture elle-même, réparer quotidiennement nos cellules, en produire de nouvelles et pour alimenter les milliers de réactions chimiques incroyablement complexes qui en assurent l'équilibre et le bon fonctionnement. À en juger par le chiffre d'affaires faramineux de l'industrie de l'amaigrissement, nous faisons tous une utilisation très différente des calories de notre nourriture.

Une *kilo*calorie, unité utilisée par les nutritionnistes, est la quantité d'énergie qu'il faut fournir pour augmenter la température d'un kilogramme d'eau d'un degré Celsius. Une kilocalorie vaut mille calories, mais on entend parfois « calorie » au lieu de « kilocalorie »; les chimistes utilisent la calorie, qui vaut un millième de kilocalorie (voyez p. 68).

On dit que faire de l'exercice « brûle des calories ». Cela manque bien sûr quelque peu de rigueur. L'énergie ne brûle pas, on ne peut pas y mettre le feu. Mais, comme n'importe quel cuisinier le sait, on peut brûler des *aliments*. L'énergie d'un aliment se libère, tout comme l'énergie du charbon, quand il brûle. Et c'est ainsi que l'on détermine combien de kilocalories un aliment contient : on le fait littéralement brûler et on mesure la quantité de chaleur libérée.

Quand on brûle du charbon, il réagit avec de l'oxygène, ce qui libère de l'énergie et du dioxyde de carbone. De même, notre corps brûle les aliments – c'est ce que l'on appelle le métabolisme – bien que beaucoup plus lentement, et heureusement sans flamme. (Les brûlures d'estomac ne comptent pas). Mais le résultat final est le même : les aliments et l'oxygène produisent de l'énergie et du dioxyde de carbone. De façon assez remarquable, la quantité d'énergie que nous tirons de notre nourriture est exactement la même que si elle avait brûlé au sens propre.

Les nutritionnistes mettent une quantité connue de nourriture séchée dans une chambre en acier contenant de l'oxygène pur à haute pression, immergent le tout dans de l'eau, mettent le feu au contenu grâce à une étincelle et mesurent l'élévation de température de l'eau. À partir de cela, ils calculent le nombre de kilocalories qui ont été libérées : pour chaque kilogramme d'eau, un degré Celsius d'augmentation de température signifie qu'une kilocalorie de chaleur a été libérée.

Après avoir mis le feu à à peu près tout ce qui leur passait sous la main, les nutritionnistes ont commencé à réaliser qu'un gramme de protéines donnait à peu près la même quantité d'énergie, à peu près quel que soit le type de protéines et l'aliment dans lequel elles se trouvent. Et il en fut de même pour les glucides et les lipides. Ils découvrirent que les protéines et les glucides contiennent 4 kilocalories potentielles par gramme et que les lipides en contiennent 9. Aujourd'hui, plus personne ne s'embête à brûler les aliments. Les chimistes analysent leur composition en protéines, en lipides et en glucides, et calculent ensuite le nombre total de kilocalories.

Bien sûr, tout le monde brûle encore des chamallows.

Le coin des scientifiques

Il est vraiment surprenant que, lorsque les aliments et l'oxygène se transforment en énergie et en dioxyde de carbone, la nature de cette conversion n'ait pas d'importance, que ce soit par le métabolisme humain lent ou par une explosion aveuglante à l'intérieur d'une enceinte en acier dans un laboratoire. L'énergie libérée – le nombre de kilocalories – est le même dans les deux cas.

C'est un principe général en chimie : dans tout processus chimique, si vous partez de la situation A avec certains produits chimiques et aboutissez à la situation B avec d'autres produits, la variation totale d'énergie chimique sera la même quelle que soit la façon dont vous êtes allé(e) de A à B. On peut comparer les quantités d'énergie à des altitudes : une énergie plus grande correspond à une altitude supérieure. Si vous partez d'une colline d'altitude A et montez sur une colline d'altitude B, votre altitude (votre énergie potentielle) a varié de la différence entre B et A, quel que soit le chemin emprunté, aussi tortueux soit-il.

Maïs pas si sucré que ça

☞ Quand je lis la liste des ingrédients sur l'étiquette de certains aliments, je vois souvent « sirop de maïs » et « sirop de maïs à haute teneur en fructose ». Quand j'achète du « maïs doux » sur le marché, il n'est pas sucré, malgré l'assurance du marchand. Comment fait-on pour tirer du sucre du maïs ?

Vous serez le/la premier(e) à admettre, que le maïs contient beaucoup d'amidon, n'est-ce pas ? Eh bien l'amidon est l'ingrédient clé du sirop de maïs. On convertit l'amidon de maïs en sucre grâce à la magie de la chimie.

Enlevez l'eau d'un grain de maïs et le reste contient environ 82 pour cent de glucides, un groupe de composés organiques naturels regroupant entre autres les sucres, l'amidon et la cellulose. On trouve de la cellulose, un matériau résistant qui constitue la paroi cellulaire de la plupart des plantes, dans la peau des grains de maïs. Les sucres, comme vous le savez déjà, ne sont pas très abondants. Si bien que l'amidon est le constituant principal d'un grain de maïs.

Les États-Unis produisent environ cinq mille fois plus de maïs que de canne à sucre. Et la plupart du sucre qu'ils importent provient de pays tropicaux qui n'ont jamais reçu de médailles pour leur stabilité politique ni leur amitié envers les États-Unis. Si l'industrie agroalimentaire des États-Unis pouvait produire du sucre à partir de l'amidon de maïs, elle serait plutôt contente. Eh bien elle le peut.

Les sucres et l'amidon sont des cousins chimiques très proches. En fait, les molécules d'amidon sont constituées de centaines voire de milliers de molécules de glucose, un sucre de base. Ainsi, en principe, si l'on pouvait couper les molécules d'amidon en morceaux plus petits, on pourrait obtenir beaucoup de molécules de glucose libres. On produirait également quelques molécules de maltose, un autre sucre dont les molécules sont constituées de deux molécules de glucose toujours attachées. Et on obtiendrait également quelques fragments plus gros constitués de dizaines d'unités de glucoses liées. Comme ces molécules plus grosses ne peuvent pas glisser les unes sur les autres aussi facilement que des molécules plus petites, la préparation que vous obtiendriez serait épaisse et sirupeuse.

Il se trouve que pratiquement tous les acides, ainsi qu'un ensemble d'enzymes végétales et animales peuvent couper les molécules d'amidon et nous donner un sirop contenant différents sucres. Les enzymes de notre salive le font tout le temps. (Une enzyme est une substance naturelle qui aide une réaction chimique spécifique à se produire. Beaucoup de processus vitaux ne pourraient avoir lieu sans les enzymes.)

Voyez par vous-même

Mâchez de la mie de pain non sucré pendant plusieurs minutes et elle commencera à avoir un goût sucré.

Le glucose et le maltose ne sont cependant respectivement que 70 et 30 pour cent aussi sucrés que le saccharose, ce sucre incroyablement doux dans la canne à sucre que nous avons l'habitude d'appeler « sucre ». Ainsi, si vous décomposez l'amidon comme nous l'avons décrit plus haut, vous obtiendrez 60 pour cent du pouvoir sucrant du « vrai sucre ». Les industriels s'en sortent en utilisant encore une autre enzyme qui transforme une partie du glucose en fructose, un sucre encore plus sucré que le saccharose. C'est la raison pour laquelle certaines étiquettes indiquent « sirop de maïs à haute teneur en fructose ».

Mais il y a un autre problème. Le sirop de maïs au glucose-maltose-fructose est peut-être une aubaine économique pour l'industrie agroalimentaire des États-Unis, mais il n'a pas tout à fait le même goût et ne rehausse pas autant les saveurs que le bon vieux saccharose. Les conserves de fruits et les sodas, par exemple, ne sont plus tout à fait ce qu'ils étaient avant que les industriels abandonnent le sucre de canne pour des édulcorants moins chers et plus abondants comme ceux à base de maïs. En tant que consommateur/trice et lecteur/trice d'étiquettes, le mieux est de choisir les produits édulcorés avec la plus grande proportion de saccharose possible. Celle-ci est indiquée simplement par l'appellation « sucre » sur les étiquettes.

Au fait, si vous réussissez à mettre la main sur une bouteille de Coca-Cola antérieure à 1980, vous verrez ce que je veux dire. On dit que c'est l'année où Coca-Cola est passé du sucre aux édulcorants issus du maïs dans ses usines de mise en bouteilles américaines. Le Coca-Cola contient toujours du sucre dans les pays où la canne à sucre est bon marché. La prochaine fois que vous irez en Amérique du Sud, rapportez-en. Mais n'utilisez pas le mot « coca » devant un agent des douanes.

Du pain sur la planche

☞ Pourquoi le pain azyme a-t-il cette forme de carton ondulé ?

Le pain azyme ne contient que de la farine et de l'eau.

Si vous faites de la pâte en ne versant que de l'eau et de la farine dans un mixeur, elle contiendra forcément des bulles d'air. Si vous déposez ensuite cette pâte en couches fines et la mettez dans un four très chaud – 400 à 500 °Celsius –, les bulles d'air emprisonné exploseront et couvriront votre four d'éclats.

Avant de cuire la pâte, les fabricants de pain azyme le font donc passer entre deux roues à pointes qui percent les bulles d'air. Ce sont ces roues qui sont à l'origine des sillons perforées sur le pain azyme. Vous pouvez encore voir de petites cloques entre les traces des pointes mais elles sont trop petites pour être un problème et elles donnent une belle apparence au pain car elles dorent plus vite que le reste.

Voyez par vous-même : examinez un biscuit salé et vous verrez qu'il est percé de tout un ensemble de trous.

La raison est la même que pour le pain azyme : pour éviter de moucheter le four. Il n'est cependant pas nécessaire de percer autant de trous dans les crackers ordinaires car la pâte lève peu et contient donc de toutes petites bulles de gaz (voyez p. 62); de plus, elle n'est pas cuite à aussi haute température.

Souffler le chaud et le froid

☞ **Quand je me suis tordu la cheville en jouant au squash, quelqu'un est sorti pour acheter un « cold pack ». Il l'a tordu et secoué, et la compresse s'est instantanément refroidie. Qu'y a-t-il dans ce sachet qui le refroidit si vite ?**

Le sachet contient des cristaux de nitrate d'ammonium et une fine poche déchirable d'eau. Quand on tord le sachet, on rompt la poche d'eau et, en secouant un peu, on dissout le nitrate d'ammonium dans l'eau.

Quand n'importe quel produit se dissout dans l'eau, il peut soit absorber de la chaleur – faire refroidir l'eau – soit en libérer – faire chauffer l'eau. Le nitrate d'ammonium fait partie de ceux qui absorbent de la chaleur. Il prend la chaleur à l'eau, ce qui a pour effet de la refroidir. Et la baisse de température est loin d'être anecdotique. La température du « cold pack » peut en fait approcher de 0 °Celsius.

Comme les médecins soufflent continuellement le chaud et le froid sur la question de savoir quand appliquer de la chaleur ou du froid sur une blessure, il y a déjà presque autant de « hot packs » que de « cold packs » sur le marché. Les « hot packs » contiennent des produits chimiques qui libèrent de la chaleur quand ils se dissolvent dans l'eau, en général des cristaux de chlorure de calcium ou de sulfate de magnésium.

Mais pourquoi une substance chimique absorbe-t-elle ou libère-t-elle de la chaleur quand elle se dissout simplement dans l'eau ? Après tout, à la maison, je dissous souvent les cristaux de deux substances classiques, le sel et le sucre, dans de l'eau. Pourtant je n'ai jamais vu le sucre refroidir mon café chaud ni réchauffer mon thé glacé. Il se trouve que le sel et le sucre sont des exceptions (voyez plus bas).

La dissolution d'une substance chimique dans l'eau comporte deux étapes : tout d'abord, la structure cristalline de la substance solide se rompt puis la réaction se produit entre l'eau et les morceaux de cristal. La première étape fait invariablement baisser la température, alors que l'autre la fait augmenter.

Si la première étape refroidit plus que la deuxième ne chauffe, comme c'est le cas pour le nitrate d'ammonium, il y a baisse de la température. Si c'est l'inverse, comme c'est le cas pour le chlorure de calcium et le sulfate de magnésium, il y a élévation de température. Dans le cas du sucre et du sel, il se trouve que les deux étapes ont des effets opposés qui se compensent, si bien que la variation de température est minime.

Le coin des scientifiques

Voici ce qui se produit pendant les deux étapes de la dissolution des cristaux solides dans l'eau.

Un cristal est un arrangement géométrique rigide à trois dimensions de particules. Les particules peuvent être des atomes, des ions (des atomes chargés) ou des molécules, selon la substance que l'on considère. Nous les appellerons simplement « particules ».

Étape 1 : les particules doivent d'abord se libérer de leurs positions rigides dans le cristal pour pouvoir flotter librement dans l'eau. Briser toute structure rigide requiert de l'énergie : quelque chose ou quelqu'un doit fournir les coups de marteaux qui démolissent la structure. Au cours de sa destruction, le cristal emprunte donc de l'énergie à l'eau, qui refroidit en conséquence.

Étape 2 : les particules libérées ne nagent pas toutes seules dans leur coin. Elles ont une forte attraction mutuelle pour les molécules d'eau (voyez p. 51). Si tel n'était pas le cas, elles n'auraient pas voulu se dissoudre au départ. Aussitôt qu'elles entrent dans le grand bain, elles sont attaquées par les molécules d'eau, qui accourent pour s'agglutiner autour d'elles, comme des aimants flottants autour d'un sous-marin. Quand des aimants (ou des molécules) sont attirés vers quelque chose, ils dépensent de l'énergie pour se ruer vers leur cible. Cette énergie fait chauffer l'eau.

Il faut maintenant savoir quel effet est le plus important : l'effet de refroidissement dû à destruction du solide ou l'effet de réchauffement provenant de l'attraction des molécules d'eau pour les particules ainsi libérées. Si le refroidissement est plus important, l'eau refroidit quand le solide se dissout. C'est ce qui se produit avec le nitrate d'ammonium. Si le réchauffement est plus important, la dissolution du solide entraîne un réchauffement de l'eau. C'est ce qui se produit avec le chlorure de calcium et le sulfate de magnésium.

Le sel et le sucre ? C'est un hasard si les deux effets s'annulent. Il n'y a donc aucune baisse ou augmentation de température lorsque l'on dissout du sel ou du sucre dans l'eau. (En fait, le sel – le chlorure de sodium – refroidit très légèrement l'eau lorsqu'il se dissout.)

Voyez par vous-même

Le nitrate d'ammonium est un engrais courant et le chlorure de calcium est un dessiccateur (un produit desséchant), vendu pour sécher les placards ou les caves. Il se peut que vous ayez ces produits dans votre maison ou votre ferme. Versez du nitrate d'ammonium dans l'eau et elle deviendra très froide. Versez du chlorure de calcium dans l'eau et elle deviendra très chaude. (Ne couvrez pas et ne remuez pas : la chaleur peut faire éclabousser le liquide.) Une ou deux cuillers à café dans un verre d'eau suffiront.

Froid devant

☞ Qui a inventé cet oxymore ridicule : « Le froid brûle » ? Et qu'est-il arrivé aux aliments « brûlés par la congélation » ?

C'est un oxymore, c'est sûr, mais pas si mauvais. Regardez bien ces vieilles côtes de porc que vous gardez au congélateur en cas d'urgence. Leur surface ratatinée et flétrie ne semble-t-elle pas desséchée ? Et c'est exactement ce que le congélateur a fait à la viande : il l'a desséchée.

Comment le froid fait-il pour sécher et flétrir la nourriture ? Observez s'il vous plaît que les zones de « brûlure » sur ces tristes côtes de porc ont l'air sèches, comme si une bonne partie de leur eau avait été extraite. Et c'est le cas. Mais sous quelle forme l'eau se trouve-t-elle dans les aliments congelés ? Correct. C'est bien de la glace. Nous n'avons d'autre choix que de conclure que, alors que vos infortunées côtes de porc languissent dans votre congélateur depuis plus longtemps que vous ne l'auriez cru possible, quelque chose a fait disparaître les molécules de glace (qui sont, bien sûr, des molécules d'eau) de sa surface.

Mais comment les molécules d'eau, si fermement ancrées dans de solides cristaux de glace, ont-elles été déplacées à un autre endroit ? Il se trouve qu'elles migrent spontanément, si elles le peuvent, vers n'importe quel endroit qui leur offre un climat plus hospitalier. Pour une molécule d'eau, cela signifie un endroit aussi froid que possible car c'est là que l'énergie est la plus faible. Toutes choses étant égales par ailleurs, Dame Nature essaiera toujours de trouver la configuration d'énergie minimale pour ses petites particules. (Vous pouvez chasser les molécules d'eau en les chauffant, non ?)

Ainsi, si l'emballage de la nourriture n'est pas parfaitement étanche, les molécules d'eau migrent à travers ou le contournent, de la glace à la surface de la nourriture vers n'importe quel autre endroit, comme les parois du congélateur lui-même. Le résultat final est que l'eau quitte la nourriture et est éliminée par le mécanisme de dégivrage du congélateur. La surface de la viande s'en trouve asséchée, ridée et décolorée.

Cela ne se fait pas en une nuit, bien sûr. C'est un processus lent, et on peut quasiment l'arrêter en emballant bien la nourriture dans un matériau imperméable aux molécules d'eau errantes. Certains emballages plastiques remplissent mieux leur mission que d'autres. Le mieux, c'est d'utiliser un emballage en plastique sous vide car, en plus d'être imperméables aux molécules d'eau, ces emballages ne laissent aucun espace entre la nourriture et le plastique. S'il y a de l'air dans un emballage, les molécules d'eau migreront vers la surface de ce dernier et s'y installeront sous forme de glace, pour la même raison qu'elles iraient sur les parois du congélateur si elles en avaient l'occasion. Et votre nourriture serait, là encore, brûlée par le froid.

Morale numéro 1 : pour garder des aliments congelés pendant longtemps, minimisez ce phénomène en (a) utilisant un matériau d'emballage spécialement conçu pour la congélation en raison de son imperméabilité aux molécules d'eau et (b) en emballant bien votre nourriture, c'est-à-dire en ne laissant aucune poche d'air.

Morale numéro 2 : quand vous achetez des aliments déjà congelés, regardez s'il y a des cristaux de glace à l'intérieur de l'emballage. D'où pensez-vous que cette eau vient ? Oui. De la nourriture. Soit elle a été « brûlée » en étant conservée trop longtemps soit elle a été décongelée, ce qui libère les sucs de la viande, avant d'être recongelée. Allez faire vos courses ailleurs.

Huîtres à gogo

☞ La moitié des suppléments en calcium sur les étagères des magasins diététiques semblent provenir de « coquilles d'huîtres naturelles ». Le calcium des coquilles d'huîtres est-il meilleur que les autres ?

Si Gertrude Stein avait été chimiste, elle aurait pu dire : « Le carbonate de calcium est du carbonate de calcium est du carbonate de calcium. »

Certes les palourdes et les huîtres fabriquent leur coquille avec du carbonate de calcium. Mais, chimiquement parlant, peu importe si le carbonate de calcium de votre complément alimentaire provient d'un gisement d'huîtres ou d'un gisement de calcaire, qui est également constitué de carbonate de calcium. Aucun n'est plus « naturel » (quoi que cela puisse signifier) que l'autre. Les huîtres incorporent cependant un peu de matières non minérales dans leurs coquilles. Le carbonate de calcium provenant d'autres sources est donc peut-être un peu plus pur.

Les suppléments de calcium sont vendus sous d'autres formes chimiques que le carbonate de calcium (lisez les étiquettes). Mais, pour un poids donné, les autres formes contiennent moins de calcium que le carbonate de calcium et c'est bien le *calcium* qui vous intéresse; laissez tomber le reste. Le carbonate de calcium contient 40 pour cent de calcium en poids alors que le citrate de calcium en contient 21 pour cent, le lactate de sodium, 13 pour cent et le gluconate de calcium, seulement 9 pour cent.

Maintenant, vous pouvez déterminer quel est le supplément qui vous offre le plus de calcium pour votre argent.

Un question de goût

☞ Qu'est-ce que le GMS et que fait-il aux aliments ? Il est étiqueté comme « exhausteur de goût ». Mais comment le fait d'ajouter une substance à un aliment améliore-t-il son goût, quel qu'il soit ?

Ça a l'air bizarre, mais il se passe réellement quelque chose ici.

Ce qui rend l'histoire du GMS difficile à avaler, c'est que la terminologie est trompeuse : les « exhausteurs de goût » n'améliorent pas le goût des aliments, c'est-à-dire qu'ils ne leur donnent pas *meilleur* goût. Ce qu'ils font, c'est intensifier, amplifier les arômes qui sont déjà présents – sans se soucier de savoir si ces saveurs sont délicieuses, neutres ou tout simplement répugnantes. L'industrie agroalimentaire préfère les appeler « potentialisateurs de goût ». Nous les appellerons *intensificateurs de saveur*.

Comment fonctionnent-ils ? Certains experts en goût parlent de *synergie*, une situation où l'effet total de deux choses agissant ensemble est supérieur à la somme de leurs effets si elles agissaient séparément. En d'autres termes, le tout est plus grand que la somme de ses parties. Un intensificateur de saveur peut n'avoir que peu ou pas de goût mais, s'il est combiné avec quelque chose qui a un goût, ce goût est perçu comme plus fort que s'il avait été seul.

Le mécanisme exact par lequel l'intensificateur trompe nos papilles gustatives pour leur donner une sensation plus intense fait encore l'objet de recherches. Une théorie est que l'intensificateur aide certaines molécules de saveur à se fixer aux sites de réception sur notre langue plus vite et plus longtemps. Le GMS semble avoir un talent particulier pour intensifier les saveurs salées et amères.

Le GMS est le glutamate monosodique (ou glutamate de sodium, MSG pour *monosodium glutamate* en anglais), un dérivé de l'acide glutamique, un des acides aminés dont les protéines sont composées. Ce n'est cependant pas le seul intensifieur de goût. Deux autres substances qui agissent de la même façon sont connues dans le métier sous les noms de 5'-IMP et 5'-GMP (les chimistes les appellent inosinate de sodium (E631) et guanylate de sodium (E627)). Tous les trois sont des dérivés d'acides aminés naturels que l'on trouve dans les végétaux comme les champignons et les algues.

On connaît les qualités d'enrichissement des saveurs de ces produits végétaux depuis des milliers d'années. Les Japonais, par exemple, utilisent traditionnellement les algues dans des soupes subtiles et délicates qui bénéficient substantiellement d'un rehaussement de goût. Le Japon est le premier producteur mondial de GMS pur, une poudre cristalline blanche vendue par tonnes depuis des décennies. Il est principalement utilisé dans la fabrication de plats cuisinés, bien que les restaurants chinois les utilisent souvent dans leur cuisine.

Récemment, le GMS a souffert d'une mauvaise presse car certaines personnes y réagissent de façon assez désagréable. Tous les indices semblent indiquer que le problème, si on peut l'appeler ainsi, est que certaines personnes sont ultrasensibles au GMS, non pas qu'il y a quelque chose d'intrinsèquement dangereux dans le GMS sauf quand il est consommé à haute dose. Mais presque tout est nocif à haute dose.

Aux États-Unis, la FDA (*Food and Drug Administration*) n'a pas encore exigé que le contenu en GMS soit indiqué séparément sur les étiquettes des aliments. Mais vous pourrez le trouver, ou un de ses proches cousins, sur la liste des ingrédients des soupes et plats préparés, caché derrière plusieurs pseudonymes, parmi lesquels : extrait de Kombu, Glutavene, Aji-no-moto (sur les produits japonais) et protéines végétales hydrolysées, c'est-à-dire des protéines végétales réduites en acides aminés, y compris l'acide glutamique.

On extrait une grande variété de composés intensifiant les saveurs des levures. Une compagnie produit et vend aux entreprises de transformation des aliments plus d'une vingtaine d'« exhausteurs de goût » à base de levures, spécialement conçus pour intensifier certaines saveurs, du goût « bœuf » au goût « poulet » en passant par « fromage » et « salé ». Sur la liste des ingrédients donnée sur l'emballage, ils apparaissent sous le nom d'« extrait de levure » ou d'« arôme naturel » bien que, à strictement parler, ce ne soient pas des arômes. D'un autre côté, ce ne sont pas du GMS non plus.

Bon sang mais c'est bien sûr !

☞ **J'aime manger mes steaks vraiment « saignants ». Que puis-je répondre aux personnes suffisantes et à leurs sarcasmes sur ma viande « sanguinolente » ?**

Rien. Souriez. Ils ont tort.

Ils n'ont pas forcément tort de préférer leurs steaks bien cuits, bien que beaucoup diraient que c'est un crime. Là où ils ont tort, c'est de qualifier votre steak de sanguinolent.

Le sang, pouvez-vous gentiment leur rappeler, est ce liquide rouge qui circule dans les veines et les artères d'un animal vivant. Je ne veux pas vous dégoûter mais, à l'abattoir, dès que l'animal a été abattu, il est vidé de quasiment tout son sang, à l'exception de celui qui reste coincé dans le cœur et dans les poumons qui, en général, ne présentent que peu d'intérêt pour vous et vos amis.

Quand vous commandez un steak, vous commandez du muscle, qui ne fait pas partie du système de circulation. Le sang est rouge car il contient de l'*hémoglobine*, une protéine qui transporte l'oxygène. Mais les muscles doivent leur couleur rouge à une molécule appelée *myoglobine*, une protéine qui stocke instantanément l'oxygène au cœur des muscles, pour le moment où ils auront besoin d'énergie. C'est une coïncidence si ces deux composés sont rouges et deviennent marron lorsqu'on les cuit. (En fait, il n'y a pas vraiment de coïncidences dans la Nature, tout ce qui arrive a une raison. Ici, la raison est que l'hémoglobine et la myoglobine sont deux protéines similaires contenant toutes deux du fer.)

Les différentes viandes contiennent des quantités différentes de myoglobine car tous les animaux n'ont pas besoin de stocker l'oxygène, qui leur fournira de l'énergie, de la même façon. La viande de porc (ces paresseux !) contient moins de myoglobine que celle du bœuf, celle du poulet en contient encore moins et la chair des poissons, encore moins que celle du poulet (voyez p. 59). Il y a donc des viandes rouges qui sont relativement blanches. Demandez à vos amis de vous expliquer ça en termes de « sanguinolent ».

Brève de comptoir

Un steak saignant ne contient pas de sang.

Secouez-la, mais ne la cassez pas

☞ **Il y a une question très importante en mécanique classique : comment faire sortir le ketchup de la bouteille ?**

Le meilleur moyen, comme le démontra de façon mémorable David Letterman[1], est de saisir la bouteille fermement à sa base et de la faire tourner au-dessus de sa tête comme un lasso. Bien sûr, vous aspergerez les murs de ketchup mais vous avez simplement demandé comment le faire sortir de la bouteille, non ?

Il y a une méthode qui n'a pas l'ombre d'une chance de fonctionner, même si l'on voit beaucoup de gens s'y essayer au restaurant : taper sur le fond de la bouteille. La seule conséquence c'est qu'Isaac Newton se retourne dans sa tombe à l'Abbaye de Westminster. Sir Isaac nous a enseigné (en tout cas, c'est ce qu'il croit) ses trois lois du mouvement, qui gouvernent le mouvement des objets. S'il avait connu le ketchup (qui n'est apparu en Angleterre qu'en 1727, aux alentours de sa mort), il aurait formulé une quatrième loi : « Celui qui frappe une bouteille de ketchup ne fait rien d'autre qu'enfoncer la bouteille encore plus dans le ketchup. »

1. Présentateur américain, notamment de l'émission *Late Night Show* sur la chaîne CBS, qui reçoit des invités prestigieux. (NDT)

Ou, comme, selon M. Newton, toute action entraîne une réaction égale et opposée, vous enfoncez encore plus le ketchup dans la bouteille – exactement le contraire de ce que vous voulez faire.

En revanche, la *méthode Letterman* est tout à fait newtonienne car vous appliquez une force centrifuge (dirigée vers l'extérieur) à la bouteille et au ketchup, tout en retenant (espérons-le) la bouteille, ce qui permet au ketchup de réagir librement à la force centrifuge.

Quels sont donc les conseils que Newton pourrait nous prodiguer pour faire sortir le ketchup de sa bouteille sans attirer autant l'attention ? Il y en a deux.

Tout d'abord, vous pouvez légèrement modifier la méthode de la force centrifuge en tenant la bouteille horizontalement et en effectuant un mouvement brusque avec votre poignet de façon à ce que le goulot de la bouteille décrive un arc de cercle dirigé vers le bas. Comme dans la méthode Letterman, le ketchup sera soumis à une force centrifuge et donc dirigé vers le goulot de la bouteille, une direction qui, espérons-le, pointe vers votre assiette et pas vers l'un(e) des autres convives. Cet incident malencontreux peut se produire si vous faites démarrer votre arc de cercle un peu trop haut au-dessus de votre assiette.

Voyez par vous-même

La seconde technique, plus sûre et toujours approuvée par Newton, consiste à donner un mouvement vif à la bouteille tournée vers le bas, un peu comme un coup de couteau le long de son axe, en direction de votre assiette et à vous arrêter net aussi tard que possible.

Au cours de cette manœuvre, le ketchup dans la bouteille se laisse avoir. Il continue à se déplacer en direction de l'assiette bien que la bouteille elle-même se soit arrêtée, de même que le conducteur d'une voiture continue à avancer si cette dernière percute un mur. Ou, pour paraphraser Sir Isaac : « Un corps en mouvement continue à se déplacer jusqu'à ce qu'il soit stoppé par un pare-brise ou une assiette de frites. »

Si la bouteille est neuve ou tout juste rechargée (cela arrive dans les restaurants), assouplissez d'abord le ketchup qui se trouve au niveau du goulot en le mélangeant avec la pointe d'un couteau.

Le dernier problème, c'est que vous n'avez pas assez de recul par rapport à votre assiette pour faire sortir suffisamment de ketchup lorsque vous êtes assis(e) à table. Il suffit alors de vous lever.

Mets de l'huile

☞ **La liste d'ingrédients sur l'emballage de ma margarine et de certains autres aliments indique « huile végétale partiellement hydrogénée ». S'il faut hydrogéner l'huile, quoi que cela puisse signifier, pourquoi ne le faire que partiellement ?**

On appelle, de façon assez compréhensible, « hydrogénation » le procédé consistant à ajouter de l'hydrogène à quelque chose. L'hydrogène est la plus légère des substances connues mais, paradoxalement, hydrogéner de l'huile la rend plus épaisse et plus solide. Si l'hydrogénation était complète, l'huile deviendrait aussi solide que de la cire de bougie et votre margarine ne serait pas très facile à tartiner.

Les huiles, qu'elles proviennent de végétaux ou de pétrole, sont constituées de molécules qui peuvent avoir des « carences de liaison » entre les atomes – non pas de réels trous dans l'espace, mais des régions où la liaison chimique n'est pas complète (en jargon scientifique : des doubles liaisons). À ces endroits sur les molécules, les désirs des atomes de se lier les uns aux autres ne sont pas totalement comblés. Les atomes ont encore une force de liaison en réserve qui pourrait leur servir à se lier avec d'autres atomes, si seulement les bons atomes passaient par là. (En jargon scientifique : ces molécules insatisfaites sont dites *insaturées*. S'il n'y a qu'un endroit concerné sur la molécule, elle est dite *mono-insaturée*.)

L'hydrogène est le candidat parfait pour assouvir les désirs de liaisons de ces atomes insatisfaits. C'est le plus petit atome de tous et il peut se glisser dans à peu près n'importe quel endroit d'une molécule enroulée où l'on pourrait avoir besoin de lui, en particulier si une forte pression l'y incite (c'est de cette façon qu'on hydrogène les huiles). En remplissant les trous, les atomes d'hydrogène satisfont complètement le désir des molécules de former des liaisons. (En jargon scientifique : les molécules qui ont établi toutes les liaisons possibles sont dites *saturées*.)

Quelles sont les conséquences pour l'huile ? Les molécules saturées sont plus compactes une fois qu'elles ont établi toutes leurs liaisons, car elles sont plus flexibles (en jargon scientifique : les doubles liaisons sont plus rigides.) Elles peuvent ainsi se pelotonner de façon plus compacte lorsqu'elles sont solides, si bien que la substance reste solide plus longtemps si on la chauffe. (Si une huile est solide à température ambiante, on l'appelle « graisse » et pas « huile ». En fait, le terme technique pour l'ensemble, liquide ou solide, est *graisse*.)

On solidifie en partie les huiles végétales pour en faire des margarines que l'on peut tartiner, par exemple, mais on ne veut pas qu'elles soient trop dures. La référence à la cire de bougie n'était pas une blague. La paraffine d'une bougie est en fait un mélange d'huiles complètement saturées; elles sont cependant issues du pétrole et pas de graines de plantes.

Les huiles végétales sont en général insaturées et liquides à température ambiante, alors que les graisses animales sont en général saturées et solides. Les huiles végétales contiennent environ 15 pour cent de molécules saturées. Dans la fabrication de la margarine, elles sont partiellement hydrogénées à 20 pour cent. Le beurre est saturé à environ 65 pour cent.

Les huiles insaturées ont tendance à se rompre et à fumer à des températures de friture assez basses. Elles deviennent assez facilement rances car les molécules d'oxygène de l'air peuvent pénétrer dans les « trous » entre les atomes et les attaquer. L'hydrogénation rend les huiles plus stables car elle bouche les trous avec des atomes d'hydrogène.

Ce sont les points positifs de l'hydrogénation. La mauvaise nouvelle, c'est que les graisses saturées semblent faire augmenter le taux de cholestérol et le risque de maladies cardio-vasculaires. L'industrie agroalimentaire est engagée dans un combat sans fin visant à diminuer la quantité de graisses saturées pour pouvoir se vanter des bienfaits de leurs produits, tout en hydrogénant suffisamment leurs huiles pour leur donner les propriétés désirées.

La grande fabrique de brouillard

☞ **Pourquoi la glace sèche est-elle sèche ? Et d'où viennent tous ces nuages de fumée autour d'elle ?**

Ce n'est pas de la fumée, c'est du brouillard. Bien que la glace sèche ne soit rien d'autre que du dioxyde de carbone, le brouillard lui-même n'en est pas, comme certains le pensent. Le nuage de brouillard entourant la glace sèche ne contient que de l'eau. Cette eau a condensé à partir de l'humidité naturelle de l'air en raison de la basse température de la glace sèche.

La glace sèche est du dioxyde de carbone sous forme solide, tout comme la glace est de l'eau sous forme solide. L'eau gèle et forme un solide à 0 °Celsius, alors que le dioxyde de carbone ne se solidifie pas avant –78,5 °C. Ainsi, le dioxyde de carbone gelé (glace sèche) est beaucoup plus froid que l'eau gelée.

La glace classique est mouillée car elle se transforme en eau liquide lorsqu'elle fond. La glace sèche est sèche car elle ne fond pas. Elle se transforme directement en gaz sans passer par le stade liquide. Le dioxyde de carbone ne peut pas exister sous forme liquide à pression atmosphérique normale. Quand il se trouve sous forme de glace, ce qui est encore moins naturel pour lui, il fait de son mieux pour se transformer directement en gaz.

Le dioxyde de carbone se sent mieux à l'état gazeux car, dans un gaz, les molécules sont aussi éloignées les unes des autres que possible. Or les molécules de dioxyde de carbone ne s'aiment pas beaucoup, c'est-à-dire qu'elles n'adhèrent pas bien les unes aux autres comme c'est le cas pour les molécules d'eau (voyez p. 100). Dans les liquides, les molécules sont toujours plus ou moins collées les unes aux autres lorsqu'elles glissent les unes sur (et sous) les autres. Mais les molécules de dioxyde de carbone n'ont pas la « consistance » nécessaire pour former un liquide, à moins que vous les entassiez si près les unes des autres qu'elles n'aient d'autre choix que de s'associer. En d'autres termes, le dioxyde de carbone gazeux ne se transforme en liquide que sous la contrainte : sous une forte pression. Le dioxyde de carbone voyage comme ça – sous forme liquide dans des réservoirs en acier à haute pression.

Les extincteurs au CO_2 ne sont rien de plus que des réservoirs de dioxyde de carbone liquide munis d'un détendeur. Quand vous ouvrez le passage en pressant sur la gâchette, le dioxyde de carbone se rue vers l'extérieur à travers le tuyau. Un jet de gaz très froid sort de l'extincteur (voir plus bas), mélangé à une neige de dioxyde de carbone solide. Si vous pouviez ramasser suffisamment de cette « neige » de dioxyde de carbone solide avant qu'elle ne s'évapore et la compresser pour faire une « boule-de-neige » (je ne vous conseille pas de la faire à mains nues), vous auriez un morceau de glace sèche. À plus grande échelle, c'est exactement ainsi que l'on produit de la glace sèche à partir de dioxyde de carbone liquide.

L'extincteur fonctionne de deux manières. Le froid peut abaisser la température en dessous de la température d'inflammation du carburant, en même temps que le dioxyde de carbone peut étouffer le feu car c'est un gaz lourd qui repousse l'oxygène (voyez p. 108).

On utilise de la glace sèche sur les tournages de films pour faire du brouillard. C'est un vrai brouillard car il est constitué de minuscules gouttelettes d'eau en suspension dans l'air. Mais vous pouvez toujours reconnaître un brouillard artificiel. En effet, l'eau est très froide à cause de la glace sèche, si bien que le brouillard reste près du sol comme une couverture – à moins qu'il ne soit dispersé par un ventilateur hors du champ de la caméra. À l'opposé, un brouillard naturel flotte, quasi immobile, dans les airs.

Au cinéma, la glace sèche sert également à simuler des chaudrons d'eau bouillante. Il suffit de mettre un peu de glace sèche dans l'eau : à mesure que le dioxyde de carbone solide se transforme en dioxyde de carbone gazeux, le gaz remonte vers la surface et des bulles remplies de brouillard sont censées ressembler à de la vapeur. Si vous regardez attentivement, vous pourrez toujours remarquer que c'est un trucage. Les gouttelettes microscopiques du brouillard réfléchissent la lumière et apparaissent blanches mais la vapeur est constituée de gouttelettes plus grosses qui sont presque transparentes. De plus, la vapeur s'élève car la chaleur monte, alors que le brouillard froid de la glace sèche flotte au-dessus du chaudron.

Pendant que nous en sommes aux trucages utilisés dans les films, que dire des scènes où les bateaux sont malmenés par les océans ? Ne sont-ce que des modèles miniatures filmés au ralenti dans de grands réservoirs ? Il y a une façon infaillible de le savoir. Regardez la taille des gouttes projetées par les vagues. Si elles sont de la taille d'un hublot ou d'un boulet de canon du bateau, c'est une maquette dans un réservoir. Les gouttes d'eau ne sont pas aussi grosses qu'un boulet de canon, à moins que les « boulets de canon » sur le bateau soient en réalité des chevrotines sur une maquette.

Vous ne l'avez pas demandé, mais…

☞ Pourquoi le jet de gaz neigeux qui sort d'un extincteur au CO_2 est-il si froid alors que si l'extincteur est à température ambiante depuis des mois ?

Lorsque le dioxyde de carbone liquide du réservoir se transforme en dioxyde de carbone gazeux, il refroidit suffisamment pour transformer une partie du dioxyde de carbone en « neige ». Mais pourquoi, au juste ? Tout ce qui se produit, c'est que le dioxyde de carbone comprimé se détend lorsqu'on le vaporise dans la pièce. Les gaz qui se détendent refroidissent-ils automatiquement ? Oui et en voilà l'explication.

Les molécules d'un gaz en expansion ont le pouvoir de déplacer des choses, n'est-ce pas ? Remarquez la puissance du jet que vous obtenez en utilisant un extincteur. Si vous ne faites pas attention, vous pouvez envoyer le tout, encore en train de brûler, dans le pays voisin. Les molécules d'un gaz qui se détend peuvent donc déplacer des objets – même si ce n'est que de l'air – en venant frapper les molécules de l'objet. (Qu'y a-t-il d'autre à déplacer ?)

Lorsque les molécules d'un gaz envoient valser un objet, elles dépensent une partie de leur propre énergie et ralentissent, tout comme une boule de billard ralentit lorsqu'elle touche une autre boule. Et des molécules de gaz plus lentes sont des molécules plus froides (voyez p. 247).

Le dioxyde de carbone dans l'extincteur est stocké à une telle pression que, lorsque vous le libérez dans la pièce, il se détend énormément, si bien que sa température baisse énormément.

La peau sur les os

☞ Quelqu'un a essayé de me dire que la gelée, claire, miroitante et étincelante que l'on donne aux enfants pour qu'ils soient sages contient de la peau de porc, du cuir, des os et des sabots de vache. Beurk ! Est-ce que c'est possible ?

Bien sûr que non. Juste la peau et les os. Pas de sabots.

La gelée et les autres desserts de ce type contiennent environ 87 pour cent de sucre et 9 à 10 pour cent de gélatine, plus des arômes et des colorants. Les enfants aiment trois choses dans ce produit : il a des couleurs vives, il est très sucré et il ondule. Les mères ne s'en plaignent pas car la gélatine contient des protéines.

La gélatine, qui donne sa consistance à la gelée, provient réellement de peau de porc, de cuir de vache et d'os de bœuf. Mais ne partez pas en courant. Toutes les fois où vous avez fait de la soupe ou des conserves qui ont figé dans votre réfrigérateur, vous avez fait de la gélatine à partir de peau de poulet ou d'os de bœuf.

La peau, les os et les tissus conjonctifs des animaux vertébrés contiennent une protéine fibreuse appelée *collagène*. Il n'y a pas de collagène dans les sabots, les poils et les cornes. Quand on le traite avec de l'acide chaud (en général de l'acide chlorhydrique ou sulfurique) ou une base (en général de la chaux), le collagène se transforme en gélatine, une protéine un peu différente qui se dissout dans l'eau. On extrait alors cette gélatine grâce à de l'eau chaude, puis on la fait bouillir et on la purifie.

Vous n'aimeriez pas voir – ni sentir – les premières étapes du processus de purification. Avant qu'elle ne quitte l'usine, on lave soigneusement la gélatine plusieurs fois pour en retirer l'acide ou la base, avant de la filtrer, la déioniser, (une façon de retirer les impuretés chimiques) et la stériliser. C'est finalement un solide jaune pâle et friable qui quitte l'usine, ressemblant à du plastique sous forme de rubans, de vermicelle, de feuilles ou de poudre. Lorsqu'on la trempe dans l'eau froide cette gélatine solide absorbe l'eau et gonfle;

ensuite, quand on chauffe l'eau, elle se dissout et devient un liquide épais qui gélifie en refroidissant.

La gélatine étant une protéine, elle est évidemment nutritive, bien qu'elle ne soit pas ce que les nutritionnistes appellent une protéine complète. Mais le plus amusant est que, une fois dissoute dans l'eau, c'est un gel lorsqu'elle est froide et un liquide lorsqu'elle est chaude. Elle « fond dans la bouche ». C'est la caractéristique principale qu'elle donne aux confiseries comme les chamallows ou les oursons, dont la consistance collante est due à une grande proportion de gélatine, environ 8 à 9 pour cent. La gélatine sert aussi à faire tenir les décorations sur certaines friandises.

La plupart de la gélatine produite aux États-Unis – environ 50 000 tonnes – se retrouve sous forme de desserts. Vous la trouverez également dans les soupes, les milk-shake, les boissons aux fruits, le jambon en conserve, les produits laitiers, les aliments surgelés, et dans les fourrages et les glaçages pour pâtisseries. Toutefois, cette substance unique n'est pas utilisée que dans les aliments. Ces petites capsules qui servent à emballer beaucoup de médicaments contiennent également de la gélatine – environ 30 pour cent de gélatine et 65 pour cent d'eau. Les bouts des allumettes sont enduits d'un mélange de produits chimiques liés par de la gélatine.

Et puis il y a la photographie. Les émulsions photographiques – ces fines couches sensibles à la lumière sur la pellicule ou le papier – sont faites de gélatine séchée contenant les produits photosensibles. On n'a rien trouvé de mieux que la gélatine depuis l'invention de la photographie en 1870. N'est-il pas cocasse que les astronautes prennent des photos en utilisant une substance primitive fabriquée à partir de peau et d'os d'animaux ?

Il y a du poisson dans l'air

☞ Pourquoi le poisson sent-il ainsi ?

Une question idiote, peut-être, mais qui a plusieurs réponses intéressantes.

Nous avons tendance à nous accommoder de l'« odeur du poisson » sur les marchés et dans les restaurants car nous pensons : « Eh bien, que le poisson pourrait-il sentir d'autre ? » Mais le poisson ne sent pas nécessairement. Pas s'il est très frais.

Quand ils ne sont pêchés que depuis quelques heures, les poissons et les fruits de mer n'ont quasiment aucune odeur. Une fraîche « odeur de mer », peut-être, mais absolument rien de déplaisant. Ce n'est que lorsque les produits de la mer commencent à se décomposer qu'ils prennent cet arôme « de poisson ». Et le poisson se décompose beaucoup plus rapidement que les autres viandes.

La chair – le muscle – de poisson est constituée de protéines différentes de celles de viandes comme par exemple le poulet ou le bœuf (voyez p. 59). Elle se décompose beaucoup plus rapidement, non seulement à la cuisson mais également sous l'action des enzymes et des bactéries. En d'autres termes, elle se gâte plus facilement. L'odeur du poisson provient des différents produits de cette décomposition, en particulier de l'ammoniac, de plusieurs composés sulfurés et de produits chimiques appelés amines, qui proviennent de la décomposition des acides aminés.

L'odorat humain est extrêmement sensible à ces produits. Nous détectons ces odeurs bien avant que la nourriture ne soit impropre à la consommation. Une légère odeur indique seulement que le poisson n'est pas aussi frais – ou aussi bon – qu'il pourrait l'être, pas nécessairement qu'il est dangereux.

Les amines et l'ammoniac sont des bases, qui sont contrebalancées par des acides. C'est la raison pour laquelle on sert du jus de citron, qui contient de l'acide citrique, avec le poisson. (Si vous achetez des coquilles Saint-Jacques qui sentent un peu le rance, rincez-les avec du jus de citron ou du vinaigre avant de les cuisiner. Mais ne les laissez pas tremper car elles absorbent l'eau comme des éponges et se décomposeront quand vous les ferez cuire.) La meilleure façon de tester la fraîcheur des produits de la mer, c'est de demander poliment à sentir la marchandise avant de l'acheter, bien que, dans certains marchés méditerranéens très scrupuleux sur la qualité, cela puisse être pris comme une grave insulte.

Une deuxième raison pour laquelle le poisson se gâte plus vite que les autres viandes est que, dans la Nature, la plupart des poissons ont la désagréable habitue d'avaler des poissons plus petits. (C'est la jungle là-dessous.) Ils sont donc équipés d'enzymes très efficaces pour digérer la chair de poisson. Si certaines de ces enzymes sortent des intestins lorsque le poisson est pêché, elles se mettent rapidement au travail sur la propre chair du poisson. C'est la raison pour laquelle ils se conservent mieux vidés qu'entiers.

Une troisième raison : les bactéries de la décomposition dans le poisson et à sa surface sont plus efficaces que les bactéries terrestres car elles sont conçues pour opérer dans de l'eau froide. Chauffez-les légèrement et elles s'en donneront à cœur joie. Pour les empêcher de faire leur sale boulot, il faut refroidir le poisson beaucoup mieux et beaucoup plus vite que les viandes rouges.

C'est pour cette raison que la glace est la meilleure amie du pêcheur – beaucoup de glace. La glace fait non seulement baisser la température mais elle empêche également le poisson de sécher. Les poissons n'aiment pas être au sec, même une fois morts.

Raison numéro quatre : en général, la chair du poisson contient plus de graisses insaturées (voyez p. 135) que celle des animaux terrestres. C'est une des raisons pour lesquelles le poisson est si prisé en ces temps de chasse au cholestérol. Mais les graisses insaturées deviennent rances (elles s'oxydent) beaucoup plus facilement que les graisses saturées qui nous plaisent tant dans le bœuf. L'oxydation des graisses les transforme en acides organiques à l'odeur nauséabonde, ce qui contribue à l'odeur peu engageante du poisson.

Si vous entrez dans un restaurant de fruits de mer qui sent trop le poisson, partez immédiatement en quête du hamburger le plus proche.

Un verre, ça va

☞ **Les étiquettes du vin et du whisky indiquent la teneur en alcool sous forme de « pourcentage d'alcool en volume ». Qu'est-ce que cela signifie ?**

Au XVIIe siècle, on testait la teneur en alcool des whiskies en en aspergeant de la poudre à canon avant d'y mettre feu. (Vraiment.) Une combustion lente et homogène indiquait un pourcentage des 50 et quelques pour cent désirés. Si la boisson contenait « trop » d'eau, la flamme piétinait.

Comme nous n'avons pas de poudre à canon sous la main, comment exprimer le taux d'alcool dans une boisson ? La méthode évidente serait de donner un pourcentage : si la boisson contient exactement une moitié d'alcool, on dirait qu'elle contient 50 pour cent d'alcool. Mais certains petits malins pourraient demander : « 50 pour cent de quoi ? » Voulez-vous dire : « L'alcool représente 50 pour cent de la *masse* de la boisson » ou « 50 pour cent du *volume* de la boisson » ? Et nous ne saurions que leur répondre car le pourcentage en masse peut être très différent de celui en volume, en particulier lorsque l'on a de l'eau et de l'alcool. Il y a deux raisons à cela.

Tout d'abord, l'alcool est plus léger que l'eau. En termes techniques, ils ont des *densités* différentes. Un litre d'alcool pur ne pèse que 79 pour cent de son équivalent en eau.

Supposons que nous voulions faire un mélange 50-50 d'alcool et d'eau en pesant deux quantités équivalentes de ces deux liquides avant de les mélanger. En *masse*, le mélange contient certainement 50 pour cent d'alcool mais, en *volume*, il contient *plus de* 50 pour cent d'alcool. (Environ 56 pour cent.)

Devinez maintenant quel type de pourcentage les fabricants de boisson ont choisi de faire figurer sur leurs étiquettes. Oui. Celui qui donne le chiffre le plus élevé : le pourcentage en volume. Les taxes se basent en général sur le pourcentage d'alcool, si bien que cette combine profite également à l'État.

La deuxième raison pour laquelle c'est le pourcentage en volume qui a été choisi pour les vins et les liqueurs, c'est qu'une chose très inhabituelle se produit quand on mélange de l'eau et de l'alcool : le volume du mélange final est inférieur à la somme des deux volumes séparés. En d'autres termes, le liquide rétrécit. Mélangez un litre d'alcool et un litre d'eau et vous n'obtiendrez que 1,93 litre au lieu des deux auquel vous vous attendiez. Cela vient du fait que les molécules d'eau et les molécules d'alcool établissent des liaisons hydrogène (voyez p. 100), ce qui les tasse encore plus que lorsqu'elles étaient pures sous forme d'alcool ou d'eau.

Comme vous pouvez l'imaginer, cela perturbe notre concept de pourcentage d'alcool en volume. Parle-t-on de pourcentage des volumes avant mélange ou de pourcentage du volume final après mélange ? Les fabricants de boissons ont décidé d'utiliser le plus petit volume, le volume *après* mélange. Cela semble bien sûr naturel car c'est sous cette forme que nous achetons le produit : déjà mélangé. Même si les maths ne sont pas vraiment votre fort, vous vous rendrez vite compte que cette méthode de calcul donne une valeur de pourcentage en alcool encore plus élevée. En utilisant cette méthode, le mélange 50-50 en masse que nous avions si soigneusement pesé apparaît sur l'étiquette à une valeur d'environ 57 pour cent en volume.

Brève de comptoir

Je peux mélanger un litre d'alcool avec un litre d'eau et avoir un mélange qui contient plus de 50 pour cent d'alcool en volume.

Vous ne l'avez pas demandé, mais…

☞ Quand les experts en santé publique parlent des bienfaits et des dangers de l'alcool, ils raisonnent en termes de masse d'éthanol (d'alcool éthylique) consommés par une personne. Comment déterminer la masse d'alcool contenue dans une boisson ?

Multipliez le nombre de litres de liqueur ou de vin par son pourcentage en alcool en volume. Multipliez ensuite le résultat par 8.

Vous obtiendrez une estimation du nombre de grammes d'éthanol contenu dans votre verre. Par exemple, un verre de 10 cL (10 centilitres, soit 10 centièmes de litre ou 0,1 L) de vin à 12,5 % contient environ $0,1 \times 12,5 \times 8 = 10$ grammes d'alcool.

Chapitre 5

Le grand air

Sortons si vous le voulez bien. Regardons au-delà de tout ce qui se trouve à notre portée. Regardons l'air, le Soleil dans le ciel, les nuages. Interrogeons-nous sur tout cela. Comment quelque chose d'aussi peu consistant que l'air peut-il exercer une « pression barométrique » sur nous ? Pourquoi le Soleil paraît-il plus chaud à certains moments de la journée ? Pourquoi les nuages sont-ils noirs ? Pourquoi fait-il plus chaud quand il neige ? Et, si vous êtes déjà allé(e) à la plage, vous êtes-vous jamais demandé(e) pourquoi les vagues roulent toujours parallèlement à la côte, qu'elle soit orientée au nord, au sud, à l'est ou à l'ouest ?

Pour paraphraser Charles Dudley Warner[1] (non, ce n'était pas Mark Twain), on n'a aucune influence sur le temps qu'il fait, mais on peut en parler. Et encore mieux que d'en parler, on peut *comprendre* la météo, en observant le temps et en y réfléchissant. Dans ce chapitre, nous nous intéresserons au Soleil, aux nuages, au vent et à la neige. Et, en chemin, nous commenterons quelques réalisations humaines : la Statue de la Liberté et les feux d'artifice du 14 juillet.

1. Essayiste et romancier américain (1829-1900). (NDT)

Au bord de la mer

☞ **À chaque fois que je vais à la plage, on dirait qu'une brise fraîche souffle de l'océan. Est-ce l'effet de mon imagination ou est-ce qu'il y a vraiment une raison pour laquelle il fait plus froid et il y a plus de vent sur la plage ?**

Vous avez raison. « Brise marine » n'est pas seulement le nom d'un millier d'hôtels de bord de mer. La brise qui vient de la mer est un phénomène réel qui fait que la plage est plus fraîche que l'intérieur des terres – au moins l'après-midi, c'est-à-dire au moment où les gens veulent le plus se rafraîchir (voyez p. 150). Pendant la journée, une brise fraîche souffle de façon quasi invariable de l'océan vers la terre plutôt que dans l'autre sens. Elle naît plusieurs heures après le lever du Soleil, atteint son maximum en milieu d'après-midi puis disparaît dans la soirée.

Voici ce qui se produit. Dès le matin, le Soleil rayonne sur la Terre et sur la mer. Mais cela ne réchauffe pas beaucoup la mer car elle est si froide et vaste qu'elle a un appétit quasi inépuisable pour l'énergie de chaleur : elle l'absorbe mais ne chauffe quasiment pas. Le Soleil en revanche chauffe la Terre de façon substantielle. Le sol, les plantes des feuilles, les bâtiments, les routes, etc. sont relativement faciles à chauffer. (En jargon scientifique : ils ont des *capacités thermiques* faibles.) Lorsque le continent chauffe, il chauffe l'air au-dessus, qui se dilate et monte. L'air plus froid et plus dense qui se trouve au-dessus de l'eau vient le remplacer, balayant la plage et refroidissant les baigneurs.

Ce n'est pas seulement parce que la brise marine est fraîche. Même si elle ne l'était pas, elle rafraîchirait quand même les hordes de baigneurs en train d'étouffer en évaporant leur transpiration (voyez p. 186).

Faire la vague

☞ **Au bord de la mer, pourquoi les vagues sont-elles parallèles à la côte, quelle que soit son orientation ?**

Les vagues savent quand elles approchent d'une côte, ce qui leur permet de s'aligner dans la même direction.

Ce qui produit les vagues, c'est bien sûr le vent qui souffle sur la surface des océans. Mais le vent ne peut pas toujours souffler les vagues en direction du rivage. Au milieu de l'océan, le vent peut souffler dans n'importe quelle direction. Les vagues que nous voyons sur la côte sont seulement celles qui voyagent plus ou moins dans notre direction, sinon on ne les verrait pas. La plupart d'entre elles approchent néanmoins de façon oblique et pas parallèlement à la côte. Ce qui se passe ici, croyez-le ou pas, c'est que les vagues qui arrivent « sentent » la côte et s'alignent avant de casser. Ensuite, quand elles cassent (voyez plus bas), la ligne d'écume est bien parallèle à la côte.

La question est donc : comment une vague sait-elle qu'elle approche de la côte ? Et qu'est-ce qui la fait tourner ?

Quand une vague – considérons que c'est une large bosse à la surface de l'océan – se trouve au-dessus de hauts fonds, il n'y a rien pour la perturber : elle va là où le vent la porte. En revanche, lorsqu'une vague arrive en eaux moins profondes, sa partie inférieure commence à frotter sur le sable, ce qui la ralentit. C'est comme ça qu'elle sait qu'elle approche de la côte et cette « connaissance » lui donne une direction privilégiée.

Supposons que nous surfions sur une vague qui arrive avec un angle par rapport à la plage, située sur notre gauche. La partie gauche de la vague est la première à arriver en eaux peu profondes et à racler sur le fond. L'extrémité gauche va donc ralentir, alors que le milieu et l'extrémité droite continuent à la même vitesse. Cela a pour effet de faire tourner la vague à gauche – en direction de la côte. (Si vous êtes dans un kart et que vous freinez avec le pied gauche, vous déviez vers la gauche, non ?) Ce frottement et ce ralentissement progressent le long de la vague de gauche à droite à mesure que le reste de la vague ressent la résistance et, graduellement, toute la vague tourne à gauche. Elle est maintenant orientée parallèlement à la côte. C'est dans cette position qu'elle se trouve quand elle suffisamment proche de la plage pour casser.

Les vagues cassent en raison du même effet de ralentissement sur le fond. Une fois la vague orientée parallèlement à la côte, elle finit par atteindre des eaux très peu profondes et sa base est tellement ralentie que son sommet la dépasse et fait la culbute par-dessus. Le sommet tombe violemment en produisant de l'écume bouillonnante sur toute la longueur de la vague – c'est-à-dire parallèlement à la côte.

Voyez par vous-même

La prochaine fois que vous passerez au-dessus d'une côte découpée en avion, remarquez que les lignes blanches d'écume des vagues sont toujours parallèles à la côte, quelle que soit la forme de cette dernière.

Coup de chaleur

☞ Pourquoi dit-on que le risque de coup de soleil est le plus fort entre 10 heures et 14 heures ? C'est bien sûr parce que le Soleil est au-dessus de nos têtes mais pourquoi est-il alors plus fort ? Il n'est pas plus près de nous à midi, si ?

Non, la distance de 150 millions de kilomètres qui nous sépare du Soleil attache peu d'importance à l'heure de notre pique-nique ou de notre pause. Le Soleil se trouve sensiblement à la même distance de notre nez qui rougit quelle que soit l'heure. Mais l'intensité du Soleil varie et cela pour deux raisons : une atmosphérique et une géométrique.

Visualisez la Terre sous la forme d'une sphère entourée par une couche d'air de quelques centaines de mètres d'épaisseur – l'atmosphère. Quand le Soleil est directement au-dessus de notre tête, ses rayons arrivent perpendiculairement à l'atmosphère, rencontrant le moins d'atmosphère possible au cours de leur traversée. Mais, quand le Soleil est plus bas sur l'horizon, ses rayons nous arrivent en oblique. Ils doivent donc traverser plus d'atmosphère pour arriver jusqu'à nous. Comme l'atmosphère diffuse et absorbe une partie de la lumière du Soleil, plus les rayons doivent traverser d'atmosphère, moins ils sont intenses. Et le Soleil « bas » est donc plus faible que le Soleil « haut ». Au lever ou au coucher, le Soleil est presque 300 fois moins lumineux qu'à midi.

Même si la Terre n'avait pas d'atmosphère, la lumière du Soleil serait plus faible quand le Soleil est plus bas dans le ciel. C'est un effet purement géométrique dû à l'obliquité des rayons. La meilleure façon de le voir, c'est avec une lampe-torche et une orange.

Voyez par vous-même

Dans une pièce sombre, éclairez la surface d'une orange avec une lampe-torche. La lampe représente le Soleil et l'orange, la Terre. Tout d'abord, placez la lampe directement au-dessus de l'équateur, comme s'il était midi. Vous verrez un faisceau parfaitement circulaire de lumière solaire qui frappe la surface de la Terre. Maintenant, sans modifier la distance Terre-Soleil (on se sent puissant(e), n'est-ce pas ?), éclairez le même point de la Terre de façon oblique, un peu à gauche (à l'ouest) par rapport à tout à l'heure, comme si c'était la fin de l'après-midi. Vous verrez un faisceau de lumière de forme ovale sur l'orange, comme si la lumière du Soleil avait été étalée. Eh bien c'est le cas. La même quantité de lumière se distribue maintenant sur une plus grande surface. Son intensité en un point donné est donc plus faible.

La prochaine fois que vous serez à la plage, observez comment les ceintures noires de bronzage utilisent cet effet à leur avantage (et à celui du compte en banque de leur dermatologue). À n'importe quelle heure de la journée, si vous vous allongez, les rayons solaires arrivent sur votre corps avec un angle car le Soleil n'est jamais directement au-dessus de votre tête, sauf à l'équateur. C'est pourquoi les bronzeurs olympiques se tournent vers le Soleil et s'assoient légèrement de façon à ce que les rayons arrivent sur leur peau aussi perpendiculairement que possible.

Le coin des scientifiques

Si on voulait, on pourrait appeler cet effet géométrique « effet cosinus ». Si vous faites des calculs trigonométriques, vous verrez que l'intensité de la lumière sur le sol est proportionnelle au cosinus de l'angle entre la direction verticale et celle du Soleil. L'intensité (et le cosinus) diminue de son maximum à midi sur l'équateur à zéro quand le Soleil arrive sur l'horizon quand il se couche.

Vous ne l'avez pas demandé, mais…

☞ N'est-ce pas pour cette raison qu'il fait plus froid en hiver qu'en été ?

Exactement. Quand c'est l'hiver à l'endroit du globe où vous vivez, votre hémisphère (nord ou sud) est un peu penché par rapport au

Soleil. C'est-à-dire que l'axe de rotation de la Terre oscille, si bien que, pendant l'hiver de l'hémisphère Nord, le pôle Nord est plus éloigné du Soleil que le pôle Sud. Comme votre hémisphère est penché par rapport au Soleil, les rayons solaires arrivent sur la surface avec un angle plus oblique. Plus l'angle est oblique, moins la lumière est intense. Et, bien sûr, la chaleur aussi. Grosse surprise : vous avez moins de chances de prendre un coup de soleil ou d'avoir une crise cardiaque en hiver.

Séjour à l'ombre

☞ **En été, quand quelqu'un veut m'impressionner avec la température, il/elle me dit : « Il fait 35° à l'ombre ». Mais je ne peux pas toujours rester à l'ombre. Je veux aussi savoir combien il fait au soleil. Y a-t-il un moyen de calculer la température au Soleil à partir de celle à l'ombre ?**

J'ai bien peur que non. Alors que la température « à l'ombre » est un chiffre assez reproductible, la température « au Soleil » dépend trop de quoi ou de qui l'on parle.

Des objets différents, y compris des personnes avec des vêtements différents, ressentent des températures différentes au Soleil car ils absorbent des quantités différentes de parties différentes du spectre de la lumière solaire (voyez p. 44). En général, les vêtements aux couleurs claires absorbent moins – réfléchissent plus – de radiations solaires que les vêtements sombres.

C'est à peu près la même chose avec la peau humaine : une personne à la peau claire n'aura pas aussi chaud au Soleil qu'une personne à la peau foncée. Quand l'impérialisme britannique battait son plein dans des endroits du monde où les habitants ont en général la peau plus foncée, Noël Coward immortalisa ce phénomène dans sa chanson, *Mad Dogs and Englishmen Go Out in the Mid-day Sun* (« Les chiens fous et les Anglais sortent sous le soleil de midi »).

À l'ombre – en l'absence de rayonnement direct du Soleil –, la température d'un objet indépendant (qui n'est pas relié à une source de chaleur et qui n'en absorbe pas) ne dépend que de la température de l'air extérieur. C'est la température que l'on nous donne dans les bulletins météo; ils ne s'embarrassent pas à nous dire « à l'ombre ». Mais, au Soleil, les températures dépendent non seulement de celle de l'air mais également de la façon dont l'objet ou la personne en question absorbe et réfléchit les rayons lumineux (et donc la chaleur). Ces facteurs peuvent grandement varier d'un objet à un autre et en fonction des conditions.

Au fait, il n'y a pas de loi physique expliquant pourquoi le volant de votre voiture chauffe plus que tout le reste quand vous vous garez au Soleil. C'est juste que le volant est dans une position particulièrement vulnérable au Soleil et que c'est l'objet que vous avez le plus besoin de manipuler.

La peau verte et le sang bleu

☞ **À propos de ces toits bleu vert sur les églises et les bâtiments publics : je comprends qu'ils sont en cuivre mais je n'ai jamais vu le cuivre prendre cette couleur ailleurs. Est-ce que je peux faire la même chose avec une pièce de monnaie ?**

Ces toits en cuivre ont passé plus de temps exposés à la météo qu'une tondeuse empruntée – toutes ces années écoulées depuis l'époque où l'on pouvait se permettre de couvrir les toits avec ce beau métal rouge durable. Aujourd'hui, on n'utilise plus le cuivre, devenu trop coûteux, même pour abriter la tête des politiciens et des prêtres. Il est même trop cher pour qu'on en fasse des pièces; le cuivre d'une pièce de un centime vaudrait plus qu'un centime. Depuis 1982, les pièces d'un *cent* sont faites en zinc aux États-Unis, avec juste une petite couche de cuivre en souvenir du passé. Mais, si vous le voulez vraiment, vous pouvez toujours laisser une pièce d'un centime d'euro (qui est en acier recouvert de cuivre) dehors pendant un demi-siècle, elle deviendra verte comme les toits. Il n'existe pas de moyen facile et rapide de le faire.

C'est en fait la raison pour laquelle le cuivre est un si bon matériau pour la couverture des toits : il se corrode très lentement – beaucoup moins vite que le fer ne rouille (voyez p. 91). Au bout de quelques semaines, du cuivre brillant et lumineux s'assombrit en raison de l'apparition d'une fine couche d'oxyde de cuivre noir. Ensuite, à mesure que les années passent, il réagit lentement avec l'oxygène, la vapeur d'eau et le dioxyde de carbone de l'air pour former cette patine bleu-vert que les chimistes ont identifiée comme du carbonate de cuivre et que l'on appelle vert-de-gris. En plus des toits, cette patine donne aussi sa couleur à la Statue de la Liberté, constituée de trois cents épaisses plaques de cuivre vissées les unes aux autres et exposée à l'air de New York depuis 1886.

Au fait, la couleur verte sur les pièces au fond des fontaines lancées par des personnes qui pensent que quelques centimes permettront d'acheter le Destin et de voir leurs vœux exaucés (et qui ont été épargnés par les voleurs nocturnes) n'est pas la même, chimiquement parlant, que la couleur verte que l'on peut voir sur les toits. Elle est due à d'autres composés de cuivre comme le chlorure et l'hydroxyde de cuivre qui n'ont pas la même couleur bleu-vert et qui n'adhèrent pas très bien au métal.

Vous pouvez essayer de reproduire la patine de cuivre en achetant des bijoux bon marché en laiton, qui est un alliage de cuivre et de zinc. Portez une bague ou un bracelet non laqués pendant quelques mois et le cuivre réagira avec le sel et les acides de votre peau pour se transformer en chlorure de cuivre et autres composés. Votre peau deviendra aussi verte que celle de Mlle Liberté. Mais elle n'aura quand même pas exactement la même teinte.

Beaucoup de statues d'extérieur sur les places publiques sont en bronze, qui contient surtout du cuivre et de l'étain. Quand les statues vieillissent, elles prennent une patine vert foncé similaire à celle du cuivre. (Les éclaboussures blanches sur les statues ont une tout autre origine.)

Les homards et autres grands crustacés n'ont pas le sang rouge comme les humains (qui contient de l'hémoglobine, dont la molécule abrite un atome de fer) : ils ont du sang bleu contenant de l'hémocyanine, qui est similaire à l'hémoglobine mais abrite un atome de cuivre et non de fer. Il y a peut-être un fond de vérité, après tout, dans l'affirmation des révolutionnaires selon lesquels les personnes de sang bleu font partie des formes de vie inférieures.

Vous ne l'avez pas demandé, mais…

☞ Que penser de ces bracelets en cuivre censés guérir l'arthrite ?

C'est n'importe quoi. Le raisonnement (le terme est généreux) derrière ces babioles vaudous semble être (1) que le cuivre est un bon conducteur d'électricité (et c'est le cas), (2) qu'il y a de l'« énergie électrique dans l'air » (quoi que cela puisse signifier) et (3) qu'un bracelet en cuivre attire donc cette « énergie » et l'achemine jusqu'à vos articulations douloureuses. Et nous savons bien sûr toutes et tous que l'« énergie » est bonne pour nous.

La seule énergie que le bracelet générera, c'est celle que vous devrez dépenser quand vous vous frotterez le poignet pour faire disparaître les taches vertes. (Essayez avec du vinaigre.)

Voyez par vous-même

Limez une pièce de 1, 2 ou 5 centimes d'euro et vous vous apercevrez que le cuivre est très fin. En dessous, vous verrez qu'il y a de l'acier.

Heureusement que l'air est transparent

☞ **Comment se fait-il que l'on voie à travers l'air ?**

C'est très simple. Les molécules d'air sont si éloignées les unes des autres que l'on regarde en fait à travers du vide. Pour remarquer quoi que ce soit, il faudrait que l'on puisse voir les molécules individuelles mais les molécules d'air sont environ mille fois plus petites que ce que l'on peut observer, même avec un microscope.

Nous parlons ici d'air pur non pollué, bien sûr. Nous nous intéresserons aux impuretés plus tard.

L'air est constitué à 99 pour cent de molécules d'azote et d'oxygène, qui sont d'à peu près la même taille. Le dessin ci-dessous représente de l'air à l'échelle, au niveau de la mer. Remarquez l'espace absolument vide entre les molécules. Pas étonnant que la lumière traverse l'air pour parvenir d'un objet à nos yeux sans encombre. Et c'est une assez bonne définition de la transparence.

Même quand de la lumière visible rencontre une molécule d'azote ou d'oxygène, elle n'est pas nécessairement absorbée. De nombreux autres types de molécules ont l'habitude d'absorber la lumière de certaines longueurs d'onde, ou couleurs. Quand une couleur particulière est absorbée, la lumière qui reste, privée de cette couleur, nous apparaît comme une couleur retouchée (voyez p. 44). C'est la raison pour laquelle certains gaz nous semblent colorés.

Prenons l'exemple du chlore, un gaz vert. Si vous aviez un bocal en verre rempli de chlore gazeux, vous pourriez quand même voir à travers car les molécules sont également très éloignées mais la lumière parvenant à vos yeux aurait une teinte verdâtre. La transparence et la couleur sont donc deux choses différentes, malgré le fait que beaucoup d'enfants qualifient le plastique transparent de « blanc ». Le verre teinté est coloré mais vous pouvez quand même voir à travers : il est toujours transparent.

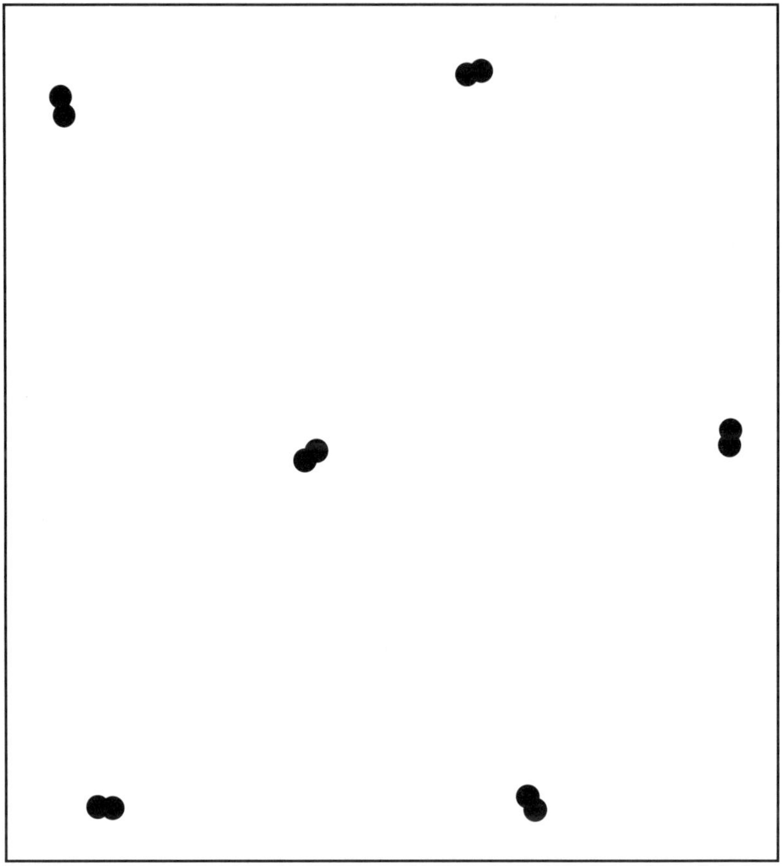

Un dessin à l'échelle de l'air au niveau de la mer.

Ce qui nous amène à l'air pollué. Si vous avez déjà atterri à Paris, Grenoble ou Mexico, vous avez peut-être déjà vu une chape jaune-marron en suspension au-dessus de la ville. Cet air contient de l'oxyde nitrique, un gaz marron irritant qui se forme lorsque d'autres oxydes d'azote rejetés par les voitures réagissent avec l'oxygène de l'air.

Quand les polluants, y compris la fumée et les brouillards chimiques, deviennent si « épais » qu'ils absorbent tout un ensemble de longueurs d'onde, l'air devient en général moins transparent. Les molécules sont toujours très éloignées mais tant d'entre elles absorbent de la lumière – ou, en fait, la diffusent – qu'il y en a moins à parvenir jusqu'à nos yeux. Il y a certains endroits dans les « grands espaces » où la visibilité a tellement diminué à l'échelle d'une seule génération que certains adultes ne peuvent plus voir les sommets lointains qu'ils pouvaient voir distinctement quand ils étaient enfants.

Oui, nous avons de la chance que l'air soit transparent. Mais il n'est plus aussi transparent qu'il l'était.

Vivre sous pression

☞ **Pourquoi les présentateurs de la météo parlent-ils de pression barométrique en termes de millimètres de mercure ? Comment peut-on mesurer la pression en millimètres ? Et qu'est-ce qu'un millimètre de mercure, au fait ?**

Tout d'abord, ne dites pas « pression barométrique » s'il vous plaît. L'air autour de nous a une température que l'on mesure avec un thermomètre, une humidité que l'on mesure avec un hygromètre et une pression que l'on mesure avec un baromètre. Les présentateurs de la météo à la télévision ne parleraient jamais de « température thermométrique » ou d'« humidité hygrométrique » mais répètent souvent « pression barométrique » – probablement parce que ça « sonne scientifique » et que ça impressionne. Le bon vieux terme « pression de l'air » suffirait tout à fait.

Mais quelle est cette « pression » que l'air exerce ? La pression atmosphérique est due au bombardement incessant des molécules d'air sur tout ce avec quoi elles sont en contact. Chaque fois qu'une molécule d'air (surtout de l'azote et de l'oxygène) rebondit sur un solide ou sur la surface d'un liquide, elle exerce une force. Le nombre de telles collisions à chaque seconde sur chaque centimètre carré est une mesure de la pression. Et elle est loin d'être négligeable : au niveau de la mer, ces milliards de collisions moléculaires exercent une pression d'environ 1 kilogramme par centimètre carré (1 bar).

Il est difficile de mesurer la pression en comptant les collisions moléculaires. Mais, comme l'atmosphère exerce une pression sur tout ce avec quoi elle est en contact, on peut utiliser ses effets sur un outil pour la mesurer.

En 1643 à Florence, en Italie, Evangelista Torricelli comprit que la pression atmosphérique devait être capable de pousser de l'eau dans un tube vide vertical jusqu'à une certaine hauteur et que la hauteur de cette colonne d'eau serait une mesure de la pression atmosphérique. Il venait d'inventer le premier baromètre. Il s'avéra que la pression atmosphérique peut contrebalancer environ 10 mètres d'eau mais cela nous donnerait des baromètres ridiculement grands.

Aujourd'hui, on utilise un liquide beaucoup plus lourd, le mercure – un métal liquide argenté –, qui remonte de 760 millimètres dans un tube un jour normal au bord de la mer.

Autrement dit, l'atmosphère applique la même pression que celle que l'on ressentirait si on était immergé(e) sous 10 mètres d'eau ou 76 centimètres de mercure.

Voyez par vous-même

Pour vous faire une idée de la pression que l'atmosphère exerce sur nous, mettez votre pied sous le pied d'une chaise et placez un sac de 10 kilogrammes de pommes de terre sur la chaise. Cela générera une pression d'environ un kilogramme par centimètre carré sur vos orteils (10 kilogrammes sur environ 10 centimètres carrés de pieds de chaise). Elle s'ajoute, bien sûr, au kilogramme par centimètre carré que génère l'atmosphère mais on ne la sent pas parce qu'elle est uniforme sur tout notre corps. Les poissons savent-ils qu'ils sont sous l'eau ? Nous sommes sous l'air.

Ni tout blanc ni tout noir

☞ Pourquoi les nuages sont-ils blancs, sauf les nuages d'orage, qui, eux, sont noirs ?

C'est une question de taille de gouttelettes d'eau.

C'est la nature même des nuages : des regroupements de petites gouttelettes d'eau. Les gouttes sont si petites que, sous le bombardement continuel des molécules d'air, elles restent en suspension et n'obéissent pas à la gravité – jusqu'à ce qu'il pleuve, bien sûr. Les gouttes passent cependant leur temps à s'évaporer et à se reformer, c'est d'ailleurs la raison pour laquelle la forme des nuages change continuellement.

Voyez par vous-même

Un jour où il y aura quelques nuages cotonneux dans le ciel bleu, allongez-vous et regardez-les pendant un moment. Vous verrez que leur forme change en permanence lorsqu'ils se déplacent avec le vent. Les gouttelettes d'eau sur les bords s'évaporent continuellement et recondensent ailleurs, ce qui modifie les contours du nuage.

Les gouttelettes d'eau dans un nuage blanc sont comme des minuscules boules de cristal. C'est-à-dire qu'elles réfléchissent et diffusent la lumière dans toutes les directions. Comme l'eau sous ses autres formes – la glace et la neige –, elles réfléchissent et diffusent toutes les longueurs d'onde (les couleurs) de la même façon, si bien que la lumière du Soleil réfléchie qui arrive jusqu'à nous conserve sa couleur blanche d'origine. (Quand les gouttelettes sont encore plus petites, plus petites que les longueurs d'onde de la lumière, elles contribuent à la couleur bleue du ciel. Voyez p. 31.)

En revanche, les nuages d'orage, comme on peut s'en douter, sont chargés d'eau et n'attendent que la première occasion pour ruiner votre pique-nique. Les gouttelettes d'eau qu'ils contiennent sont si grosses qu'elles bloquent la lumière provenant du Soleil, si bien que ces nuages semblent relativement sombres par rapport au ciel clair. Ils ne sont cependant pas noirs, pas plus qu'une ombre ne l'est.

Les criquets sont-ils de bons thermomètres ?

☞ J'ai lu quelque part que l'on peut déterminer la température en écoutant les criquets. Comment ?

En comptant leurs stridulations.

Tous les animaux à sang froid sont plus alertes à haute température. Comparez la vitesse à laquelle les fourmis courent quand il fait froid et quand il fait chaud. Les criquets ne font pas exception à cette règle. Ils stridulent à une vitesse directement liée à la température. Pour comprendre leur message, il suffit d'une formule pour les traduire.

Ce n'est pas tant un phénomène biologique que chimique. Tous les êtres vivants sont gouvernés par des réactions chimiques et les réactions chimiques se font en général plus rapidement à haute température. En effet, des produits ne peuvent réagir que s'ils entrent en contact – lors des chocs entre molécules. Plus la température est élevée, plus les molécules se déplacent rapidement (voyez p. 247), et plus elles entrent en collision et réagissent souvent. Les chimistes aiment bien raisonner avec la formule simplifiée suivante : la vitesse d'une réaction chimique double à chaque fois que la température augmente de 10 °Celsius.

Heureusement, nous autres bestioles à sang chaud maintenons une température constante et donc un fonctionnement à vitesse à peu près constante. Cependant, les criquets stridulent plus vite s'ils ont plus chaud. Le criquet *Oecanthus fultoni* est le meilleur candidat. Mais ne vous en faites pas si vous ne pouvez pas faire la différence entre deux espèces de criquets. Le grillon champêtre stridule à peu près à la même vitesse.

Voici comment déterminer la température en écoutant un criquet : comptez le nombre de stridulations pendant 8 secondes et ajoutez cinq.

Soyez conscient(e) que le criquet diffuse *sa* température. À moins que vous ne soyez dans un arbre ou dans l'herbe, votre température n'est pas tout à fait la même que celle du criquet.

Sous les tropiques

☞ La première fois que je suis entré(e) dans la serre d'une jardinerie, j'ai été frappé(e) par la différence de température avec l'extérieur. Fait-il toujours plus chaud dans une serre ? Si oui, pourquoi ?

Oui, les serres – parfois appelés « jardins d'hiver » – sont naturellement plus chaudes, sans chauffage artificiel. Mais, croyez-le ou pas, la raison principale *n'*est *pas* ce que l'on appelle l'« effet de serre ».

Une serre est une construction en verre fermée pour les plantes. Les vitres laissent entrer la lumière du Soleil, dont les plantes ont besoin pour croître, tout en empêchant le vent, la grêle et les animaux nuisibles d'entrer. Elles empêchent également l'humidité de sortir, si bien que le taux d'humidité est très élevé. C'est l'une des explications de la « bouffée de chaleur » que vous ressentez en entrant. Mais la serre fait surtout office de thermostat, limitant les pertes de chaleur des plantes vers le monde extérieur froid et cruel.

Une plante, et tout objet en général, peut refroidir – perdre sa chaleur – de trois façons différentes : par conduction, par convection et par rayonnement (voyez p. 23). La conduction n'est pas un problème car les feuilles ne sont pas en contact avec quoi que ce soit, du métal par exemple, qui pourrait leur prendre de la chaleur. Il reste la convection et le rayonnement. La serre limite les deux.

La convection est la circulation d'air chaud ou d'eau chaude. Comme l'air chaud monte, il peut prendre de la chaleur aux feuilles des plantes et l'emporter. Tout ce qui empêche cet air de sortir complètement prévient la perte de chaleur correspondante et n'importe quelle pièce fermée a donc le même effet. C'est le principal effet de la serre : elle prévient simplement la perte de chaleur due aux mouvements d'air. Bien sûr, personne n'aurait l'idée de construire un bâtiment pour ses plantes qui ne laisserait pas entrer le maximum de lumière solaire. C'est pour cette raison que les serres sont équipées de vitres sur toutes les surfaces.

Un deuxième effet du verre, que personne ne connaissait quand les serres furent inventées, c'est qu'il diminue la perte de chaleur par rayonnement. C'est de là que l'« effet de serre » provient; voici comment il fonctionne.

Les réactions de photosynthèse qui permettent aux plantes de vivre et de croître utilisent les rayonnements ultraviolets de la lumière du Soleil. Après avoir utilisé une partie de l'énergie de ce rayonnement, elles émettent des rayons de plus basse énergie, le rayonnement infrarouge (voyez p. 229), que les autres objets peuvent ensuite absorber. Mais, quand un objet absorbe du rayonnement infrarouge, ses molécules gagnent de l'énergie et l'objet chauffe (voyez p. 247). On peut donc considérer le rayonnement infrarouge émis par les plantes comme de la chaleur qui voyage dans l'air en quête de quelque chose à chauffer.

Que se produit-il quand ce rayonnement infrarouge rencontre un toit ou un mur en verre ? Bien que le verre laisse assez bien passer les radiations ultraviolettes, il n'est pas complètement transparent aux infrarouges. Le verre empêche donc une partie du rayonnement infrarouge de sortir de la serre et ce rayonnement emprisonné chauffe progressivement tout ce qui se trouve à l'intérieur.

De toute évidence, ce chauffage ne peut se poursuivre indéfiniment; on n'a jamais entendu parler d'une serre qui avait fondu à cause de la chaleur. À un certain moment, la fuite inévitable de chaleur de la serre contrebalance l'accumulation d'infrarouges à l'intérieur et la température se stabilise à un niveau modérément chaud – plus chaud que si les vitres étaient complètement transparentes au rayonnement infrarouge.

Vous ne l'avez pas demandé, mais…

☞ Quel est cet « effet de serre » lié au réchauffement climatique ?

C'est la conséquence de l'emprisonnement du rayonnement infrarouge par l'atmosphère de la Terre, qui peut faire monter la température moyenne à la surface de tout le globe, tout comme l'emprisonnement du rayonnement infrarouge dans une serre y fait monter la température.

La température globale à la surface de la Terre – moyennée sur les saisons et les différents climats – dépend d'un équilibre délicat entre la quantité de rayonnement qui nous provient du Soleil et la quantité qui est réfléchie ou re-rayonnée vers l'espace. Environ un tiers de l'énergie solaire qui arrive sur la Terre est réfléchie vers l'espace; le reste est absorbé par les nuages, les continents, la mer et les gens qui bronzent. La plupart de l'énergie absorbée se transforme rapidement en chaleur ou rayonnement infrarouge, comme c'est le cas dans une serre.

Autour de la surface rayonnante de la Terre, il y a une enveloppe transparente, similaire aux vitres de la serre. Ce n'est cependant pas du verre. C'est une couche d'air – l'atmosphère. Comme le verre, l'atmosphère de la Terre est relativement transparente à la plupart des radiations solaires. Mais certains gaz de l'atmosphère, en particulier le dioxyde de carbone et la vapeur d'eau, absorbent très bien le rayonnement infrarouge. Tout comme le verre de notre serre, ces gaz bloquent la sortie à une partie du rayonnement infrarouge, la maintenant près de la surface. La Terre est donc un peu plus chaude qu'elle ne le serait s'il n'y avait pas de dioxyde de carbone et de vapeur d'eau dans l'atmosphère.

Les quantités de rayonnement absorbé et émis sont en équilibre fragile, si bien que la température moyenne de notre planète est à peu près constante depuis des milliers d'années. Toutefois, les activités humaines récentes ont perturbé cet équilibre. Depuis le début de la révolution industrielle il y a environ un siècle, nous brûlons du charbon, du gaz naturel et des produits pétroliers de plus en plus vite. Quand ces carburants brûlent, ils rejettent du dioxyde de carbone dans l'air (voyez p. 108). La quantité de dioxyde de carbone dans l'atmosphère a ainsi augmenté d'environ 30 pour cent en un siècle. Plus de dioxyde de carbone signifie plus de rayonnement infrarouge à proximité de la surface de la Terre et donc une élévation de la température.

Le réchauffement que peut causer une quantité définie de dioxyde de carbone est difficile à estimer. D'un côté, les océans et les forêts diminuent cet effet en absorbant du dioxyde de carbone de l'air. D'un autre côté, les immenses forêts tropicales diminuent rapidement car les arbres sont abattus ou brûlés, ce qui aggrave le problème en rejetant encore plus de dioxyde de carbone dans l'atmosphère. Même si l'on ne peut pas déterminer quelle proportion du réchauffement climatique est due au dioxyde de carbone d'origine humaine, il a été bien établi que la température moyenne de la Terre *a aug-*

menté de façon non naturelle au cours des cent dernières années. Elle pourrait augmenter de 1,5 à 4,5 °Celsius dans les cent prochaines années à mesure que la quantité de dioxyde de carbone dans l'atmosphère double.

Une augmentation de température de seulement quelques degrés pourrait avoir des conséquences catastrophiques. Un léger réchauffement des climats arctique et antarctique pourrait faire fondre d'énormes quantités de glace, ce qui ferait augmenter le niveau des océans et inonderait les villes côtières du monde entier. Il y aurait au minimum des changements dans la météorologie mondiale, avec des conséquences importantes pour la production de nourriture et l'approvisionnement en eau.

On dirait que la serre atmosphérique de notre planète est aussi fragile que du verre.

Ridicule ? Non. Sublime

☞ **Quand il y a de la neige sur le sol, j'ai remarqué qu'elle fond lentement en une semaine ou deux, même si la température reste en dessous de zéro. Où est-elle partie ?**

La neige ne fond pas : elle passe directement dans l'air en se transformant en vapeur d'eau, sans avoir à passer par la phase liquide.

On pourrait être tenté de dire que la neige s'évapore mais les scientifiques réservent le mot « évaporation » aux seuls liquides. Quand un solide s'« évapore », ils appellent cette transformation *sublimation*. Dans notre expérience quotidienne, on voit rarement les solides *sublimer* car la sublimation est en général un processus beaucoup plus lent que l'évaporation des liquides.

Voici comment la sublimation se produit. Les molécules à la surface d'un solide ne sont pas attachées aussi fermement que les molécules dans la masse. Alors que les molécules de la masse sont liées à leurs voisines selon toutes les directions, en haut, en bas et tout autour, les molécules de la surface sont liées selon toutes les directions, sauf le « haut », qui est exposé à l'extérieur. Il leur manque un peu d'adhésion au reste du solide.

Si l'on tient compte du fait que les molécules s'agitent toujours un peu (voyez p. 247), il n'est pas difficile d'imaginer que, de temps en temps, une molécule se libère et s'envole dans les airs. La molécule s'est sublimée. Les molécules des liquides sont moins liées que celles des solides et la probabilité qu'une molécule d'eau se libère est donc beaucoup plus importante. C'est la raison pour laquelle les liquides s'évaporent beaucoup plus vite que les solides ne se subliment.

La neige est un bon candidat à la sublimation car elle est constituée de cristaux complexes en dentelles présentant de grandes surfaces à l'extérieur; or, plus il y a de molécules à la surface, plus le nombre de molécules qui peuvent se sublimer est important. On peut même voir des morceaux de glace solide se sublimer. Avez-vous déjà remarqué que les vieux glaçons rétrécissent dans votre réfrigérateur ?

Des solides différents ont des tendances différentes à se sublimer car ils sont constitués d'atomes ou de molécules différents, qui sont liés avec différentes forces. Heureusement, les atomes des métaux sont très fortement liés les uns aux autres, si bien que l'or et l'argent ne s'évaporent pas du tout. En revanche, les molécules de certains produits organiques sont faiblement liées. Elles ont une tendance notable à s'envoler sous forme de vapeur. Les boules antimites et les blocs désodorisants sont en général en paradichlorobenzène, un solide organique qui se sublime sublimement, si l'on peut dire. La forte odeur de sa vapeur se répand rapidement et tue à la fois les mites et notre capacité à sentir les mauvaises odeurs.

Voyez par vous-même

Mesurez la taille d'une stalactite pendant une période de froid. Revenez un jour ou deux plus tard et mesurez à nouveau. Assurez-vous que la température n'est pas remontée au-dessus de zéro pendant cette période, pour que la glace n'ait pas fondu du tout. Vous verrez que la taille du glaçon a diminué en raison de la sublimation.

Vous ne l'avez pas demandé, mais…

☞ Comment fait-on du café lyophilisé ?

Par la sublimation de glace.

Le café lyophilisé diffère du café instantané ordinaire sur un point important. Pour fabriquer l'une ou l'autre de ces poudres, on infuse d'abord une tonne de café incroyablement fort. Pour faire du café instantané, on sèche rapidement ce liquide épais en le faisant passer par une chambre à haute température. Toute l'eau s'évapore et seule la poudre solide atteint le fond. Malheureusement, la chaleur fait sortir certains des produits chimiques qui donnent le plus de goût au café.

En revanche, pour faire du café lyophilisé, on gèle l'infusion forte en blocs de « glace au café » solide. Ensuite, on les pulvérise en granules avant de les placer dans des chambres à vide, dans lesquelles les molécules d'eau sont directement prélevées sur la surface – par sublimation. La plupart des connaisseurs du café-en-vitesse pensent que, comparé à du café instantané, le café lyophilisé a une saveur vraiment sublime.

Pourquoi fait-il si chaud tout à coup ?

☞ Ça va vous paraître incroyable, mais je vous jure que c'est vrai. Je passe beaucoup de temps dehors en hiver; j'ai remarqué que, à chaque fois qu'il commence à neiger, l'air devient plus chaud ! On pourrait penser que, pour qu'il neige, l'air devrait se refroidir et pas se réchauffer. Que se passe-t-il ?

Vous êtes un(e) bon(ne) observateur/trice. Il fait effectivement un peu plus chaud quand il commence à neiger.

Considérons les choses de cette façon : pour faire *fondre* de la glace ou de la neige, il faut lui fournir de la chaleur. Quand de cette eau *gèle* et se transforme en neige ou en glace, le processus inverse, la même quantité de chaleur doit ressortir. C'est le cas, et cela fait chauffer l'air. La question est : *pourquoi* la chaleur sort-elle ?

Tout d'abord, l'eau de l'air ne peut pas se transformer en flocons de neige si la température est supérieure à 0 °Celsius. Vous n'avez jamais entendu une présentatrice météo annoncer « des températures d'environ vingt degrés et des chutes de neige occasionnelles. » Le refroidissement – la diminution de température – nécessaire auquel on s'attend a donc déjà eu lieu au moment où les premiers flocons se forment. Rien de remarquable jusque-là.

Cependant, dès que l'eau commence à se transformer en neige, quelque chose de nouveau se produit. Dans une gouttelette d'eau, les molécules sont assez libres, elles glissent les unes sur les autres librement et au hasard. Mais, quand cette gouttelette gèle et se transforme en ce si beau cristal de glace que l'on appelle un flocon de neige, les molécules d'eau doivent s'immobiliser selon une formation cristalline rigide (voyez p. 210). Elles ont moins d'énergie dans la configuration du cristal de glace qu'elles n'en avaient dans la forme liquide chaotique. C'est comme un instituteur calmant un groupe d'enfants agités en les alignant dans le couloir. Si les molécules d'eau ont moins d'énergie dans le flocon de neige que dans la goutte d'eau, la différence d'énergie est bien allée quelque part. C'est le cas. Elle est passée dans l'air.

Pour chaque gramme d'eau qui gèle et se transforme en un gramme de glace ou de neige (un gramme de neige représente une boule-de-neige de la taille d'une bille), 80 calories (environ 335 joules) de chaleur sont libérées. Si cette quantité de chaleur restait dans la goutte d'eau, elle permettrait de faire augmenter sa température du point de congélation à 80 degrés Celsius ! Mais, bien sûr, la chaleur ne reste pas là, sinon l'eau ne pourrait jamais geler. Elle est transférée à l'air froid environnant.

Ainsi, quand un gramme d'eau se transforme en flocons de neige, l'air environnant reçoit 80 calories de chaleur. Multipliez ce nombre par l'énorme quantité d'eau qui gèle au début d'une chute de neige, et vous comprendrez pourquoi vous sentez la température monter.

Vous ne l'avez pas demandé, mais…

☞ Quand le gel menace, pourquoi certaines personnes vaporisent-elles de l'eau sur leurs plants de tomate pour les empêcher de geler ?

L'eau sur les feuilles de la plante mouillée gèlera en premier, libérant 80 calories de chaleur par gramme. Les feuilles absorberont cette chaleur et resteront plus chaudes qu'elles ne l'auraient été autrement. Les livres de jardinage se trompent lorsqu'ils disent que l'eau gelée protège les feuilles en jouant un rôle d'isolant. La capacité d'isolation d'une fine couche de glace est nulle.

Brève de comptoir

Une chute de neige fait monter la température.

Comment fabrique-t-on de la neige artificielle ?

☞ Il m'arrive assez souvent de skier sur de la neige artificielle produite par des canons à neige. Est-ce qu'ils vaporisent seulement de l'eau dans les airs et la laissent geler ?

Non. Ça ne fonctionnerait pas très bien, sauf peut-être par temps très froid. Au fait, les machines ne produisent pas de vrais flocons de neige : elles font des petits grains de glace, mesurant chacun environ quelques dixièmes de millimètre.

Simplement vaporiser de l'eau ne suffirait pas car, lorsque l'eau gèle, elle libère pas mal de chaleur (voyez p. 170). En effet, lorsque les molécules d'eau passent du liquide au solide, elles doivent arrêter de bouger, se fixer dans des positions rigides et envoyer l'énergie de mouvement qu'elles avaient quelque part. Si de grandes quantités d'eau vaporisée gelaient assez près du sol, la chaleur libérée chaufferait l'air alentour de façon substantielle, ce qui serait contreproductif; la neige artificielle serait mouillée et pas très froide.

En revanche, quand de la vraie neige se forme dans la Nature, la chaleur est libérée haut, là où la neige a été créée, et ne chauffe pas nos pentes adorées. C'est la raison pour laquelle, dans de nombreuses stations de ski, les machines sont placées en hauteur, ce qui permet au vent d'emporter la chaleur.

Dans les deux cas, il faut refroidir pour contrebalancer la chaleur libérée par la solidification de l'eau. Pour cela, les machines ne vaporisent pas que de l'eau, mais un mélange d'eau et d'air à haute pression, à environ 8 fois la pression atmosphérique. Quand de l'air comprimé (ou n'importe quel gaz) se détend rapidement, il refroidit. Les gaz utilisent une partie de leur énergie pour repousser l'atmosphère ou le matériau dans lequel ils se détendent (voyez p. 139). Le refroidissement de l'air qui se détend fait plus que compenser le réchauffement dû à la solidification de l'eau. De plus, les gouttelettes d'eau soufflées se refroidissent également par évaporation (voyez p. 186).

Étrangement, quelle que soit la valeur à laquelle la température de l'eau descend, cette dernière ne gèle pas spontanément. Tout le monde dit que l'eau gèle à 0 °Celsius mais il faudrait ajouter « à condition que quelque chose stimule le processus de solidification ». Les molécules d'eau ne peuvent pas commencer à se placer selon les règles précises d'un cristal de glace sans qu'un élément étranger intervienne pour les mettre en place.

On peut en fait refroidir de l'eau bien en dessous de sa température de solidification normale sans qu'elle gèle (en jargon scientifique : l'eau est en *surfusion*). C'est un peu trop difficile à tenter à la maison mais, dans un laboratoire, on peut « super-refroidir » de l'eau à – 40° sans qu'elle gèle. (– 40 °C ou 40 °Fahrenheit : les deux températures sont équivalentes. Voyez p. 253).

Un choc mécanique peut suffisamment secouer les molécules en surfusion pour qu'elles prennent les positions du cristal. Dans le cas du canon à neige, le choc est fourni par l'air à haute pression, qui projette les gouttelettes d'eau microscopiques hors du bec à des vitesses proches de celle du son.

Une astuce récente consiste à ajouter certaines espèces de bactéries inoffensives au mélange eau-air vaporisé par les canons à neige. On a découvert que ces bactéries, qui vivent sur les feuilles des plantes presque partout, aident l'eau à geler plus rapidement. Grâce à ce mécanisme, elles peuvent protéger les plantes des dommages liés au gel (voyez p. 171). Elles fournissent apparemment le même « service de congélation rapide » dans les canons à neige, produisant un meilleur rendement de neige artificielle en gelant plus de minuscules gouttelettes d'eau avant que ces dernières aient une chance de s'évaporer.

Bataille de boules de neige

☞ **J'ai eu une discussion avec un ami sur ce qui fait coller les boules de neige. D'après lui, les flocons de neige collent comme du Velcro parce qu'ils sont irréguliers. Je ne suis pas tout à fait convaincu(e). A-t-il raison ?**

C'est une bonne idée, car les flocons de neige ont de belles formes complexes, avec des pics, des bords en dentelle et tout le reste. Mais penser que les crochets et les boucles s'emboîtent, c'est aller trop loin. De plus, ils sont beaucoup trop fragiles et cassants; quand vous compressez une boule-de-neige, vous les écrasez.

La réponse tient au fait que la pression peut faire fondre de l'eau gelée – de la glace ou de la neige (voyez p. 220). Quand vous compressez fermement la neige, la pression fait fondre certaines parties des flocons. Ils peuvent glisser les uns sur les autres en glissant sur le film d'eau et la boule devient plus compacte. Mais le corps de la boule de neige est encore en dessous du point de congélation et les parties gelées regèlent facilement. Cette glace refondue agit comme un ciment qui assure la cohésion de l'ensemble.

Si vous êtes assez intrépide pour faire des boules de neige à mains nues, votre chaleur corporelle fait également fondre une couche superficielle à l'extérieur. Quand cette couche regèle, vous obtenez un projectile bien consolidé. Bien que la Convention de Genève l'interdise, certains combattants trempent leurs boules de neige dans l'eau pour les rendre encore plus dures.

Voyez par vous-même

Mettez un plat de couleur sombre dans votre congélateur et attendez qu'il neige. Quand il commence à neiger (c'est en général au début que les flocons sont les plus gros), sortez le plat et prenez une loupe – la plus puissante que vous puissiez trouver. Une lame de microscope serait encore mieux. Prenez quelques flocons de neige sur le plat ou la lame et examinez-les rapidement avec votre loupe. Regardez la beauté des cristaux ! Si la neige vous prend au dépourvu, un morceau de tissu sombre et froid pourra également faire office de réceptacle pour les flocons.

Vous ne l'avez pas demandé, mais…

☞ Peut-il faire trop froid pour faire des boules de neige ?

Oui. Tous les enfants du nord savent que la neige mouillée fait les meilleures boules de neige. En effet, il est facile de faire fondre de la neige qui n'est pas trop froide en appuyant dessus, ce qui permet de former un projectile efficace. Mais, quand la neige est trop froide, la force du plus redoutable belligérant ne suffira pas à faire fondre la neige et la neige partira en poussière quand il lancera sa boule.

Oh la belle bleue !

☞ Qu'est-ce qui donne leurs couleurs aux feux d'artifice ?

On ajoute des produits chimiques aux mélanges explosifs, qui émettent des couleurs spécifiques lorsqu'ils sont soumis à de la chaleur. Vous pouvez jeter les mêmes produits dans votre cheminée, si vous pensez qu'un feu vert, par exemple, est plus romantique.

Quand on lance un atome dans le feu, il peut capter une partie de l'énergie du feu en faisant accélérer ses électrons. Ces électrons « chauds » ne demandent qu'à retourner à leur état d'énergie naturel relativement lent. (En jargon scientifique : leur *état fondamental*.) Le moyen le plus simple pour eux de le faire – facile pour un électron –, c'est d'émettre leur excès d'énergie sous forme de lumière. Quand suffisamment d'atomes dans un feu absorbent spontanément l'énergie de chaleur et la rejettent sous forme de lumière, on peut observer une lumière très intense.

Les électrons de chaque type d'atome ou de molécule ont un ensemble unique d'énergies au départ. Chaque type d'atome ou de molécule dans la flamme sera donc capable de recevoir et de renvoyer ces quantités d'énergie uniques. Autrement dit, différents atomes et molécules émettront différentes longueurs d'onde ou couleurs de lumière. (En jargon scientifique : chaque atome ou molécule a un *spectre d'émission* propre.) Malheureusement pour les fabricants de feux d'artifice, la plupart des atomes et des molécules émettent leur lumière sous forme de couleurs que les humains ne peuvent pas voir : dans les régions ultraviolettes ou infrarouges du spectre. Mais les atomes de certains éléments émettent de la lumière visible qui peut prendre plusieurs couleurs brillantes.

Voici certains des atomes utilisés (sous forme de composés chimiques) pour donner des couleurs aux feux d'artifice. Les rouges : le strontium (le plus utilisé) produit une couleur cramoisie, le calcium produit un rouge un peu jaune, le lithium produit du carmin. Les jaunes : le sodium produit un jaune pur et lumineux. Les verts : le baryum (le plus utilisé) produit un vert jaunâtre, le cuivre produit un vert émeraude, le tellure produit un vert gazon, le thallium produit un vert un peu turquoise et le zinc, un vert blanchâtre. Les bleus : le cuivre (le plus utilisé) produit une couleur azur, l'arsenic produit du bleu clair, de même que le plomb et le sélénium. Les violets : le césium produit un violet bleuté, le potassium produit un violet rougeâtre et le rubidium, du violet.

Voyez par vous-même

La prochaine fois que vous ferez du feu dans votre cheminée ou sur la plage, lancez un peu de sel de table moulu ou du bicarbonate de soude en poudre et vous verrez la couleur de flamme jaune brillante produite par le sodium. Si vous avez un substitut de sel sous la main – ceux qui sont vendus pour les régimes sans sodium –, lancez-en dans le feu. Il contient du chlorure de potassium et non du chlorure de sodium, et vous aurez la couleur de flamme violette rougeâtre caractéristique du potassium. Si vous prenez du lithium pour des troubles bipolaires, votre médicament fera la plus belle flamme rouge que vous ayez jamais vue.

Vous ne l'avez pas demandé, mais...

☞ Comment fait-on pour donner toutes ces couleurs aux enseignes au néon ? Est-ce juste du verre coloré ?

Non, les couleurs proviennent en fait d'atomes qui luisent, stimulés par l'électricité. C'est presque pareil que de faire des couleurs dans les feux d'artifice : stimulez des atomes avec de l'énergie et ils se débarrasseront rapidement de leur excédent d'énergie en émettant de la lumière de leurs couleurs caractéristiques.

Il y a (heureusement) quelques différences entre les feux d'artifice et les enseignes au néon. Dans les néons, les atomes sont sous forme gazeuse dans des tubes en verre mis spécialement en forme. Les atomes ne sont pas stimulés par une explosion mais par un courant électrique à haute tension traversant le tube d'une extrémité à l'autre. Si le gaz s'avère être du néon, il émet cette couleur rouge orangée familière qui annonce votre restaurant favori.

D'autres gaz émettent leurs propres couleurs de lumière lorsqu'ils sont excités par un courant électrique. Par exemple, l'hélium émet de la lumière rose violette, l'argon émet un violet bleuté, le krypton produit un mauve pâle et le xénon du bleu vert. Pour obtenir d'autres couleurs, on mélange des gaz ou bien on recouvre l'intérieur des tubes de matériaux solides qui brillent de leurs propres couleurs.

Personne n'a encore pu empêcher la plupart d'entre nous d'appeler ces signes « néons », quel que soit le gaz que contiennent les tubes.

Brève de comptoir

Les « néons » bleus ne contiennent pas de néon.

Ballons de haut vol

☞ **Qu'arrive-t-il à ces ballons remplis d'hélium que l'on lâche dehors ? Et pourquoi les ballons d'hélium montent-ils, au fait ? La gravité n'agit-elle pas sur l'hélium, comme sur tout le reste ? Si quelque chose monte, il doit y avoir une force dirigée vers le haut, non ? Quelle est cette force ? L'antigravité ?**

Antigravité ? Nous n'utilisons pas ce mot dans ce livre. La science-fiction, c'est deux rayons plus loin.

De façon surprenante, il n'y a pas de force *dirigée vers le haut*. C'est juste qu'il y a *moins* de force *dirigée vers le bas* sur l'hélium qu'il n'y en a sur l'air qui l'entoure car, à volume égal, l'hélium est plus léger que l'air (voyez p. 255). La gravité tire moins fort sur les atomes d'hélium plus légers que sur les molécules d'air plus lourdes. L'air a donc tendance à descendre sous l'hélium c'est-à-dire que – c'est la même chose – l'on voit l'hélium s'élever dans les airs. Si vous étiez à l'intérieur d'un ballon rempli d'hélium, vous pourriez vous demander : pourquoi est-ce que tout cet air descend autour de moi ?

Quand vous lâchez un bout de bois sous l'eau, vous n'êtes pas surpris(e) de le voir remonter vers la surface, n'est-ce pas ? C'est parce que le bois et l'eau sont des matériaux très familiers que vous vous attendez à ce que le bois flotte sur l'eau (voyez p. 190).

L'hélium et l'air étant des gaz et non pas des solides et des liquides, ils ne nous sont pas aussi familiers; on ne peut pas les voir, les verser, les attraper ou les lancer. Mais ce sont néanmoins de la *matière* (des substances) : ils sont constitués de petites particules soumises à l'attraction gravitationnelle de la Terre et elles y répondent de la même façon que les solides et les liquides. La force de gravité est proportionnelle à la masse des particules, qu'elles soient liquides, solides ou gazeuses.

Quand vous lâchez un ballon d'hélium, il se produit plusieurs choses. Lorsqu'il monte, il rencontre des conditions différentes de température et de pression de l'air. Pour ce qui est de la pression, elle diminue de façon assez régulière avec l'altitude, car l'atmosphère est une couche d'air qui enveloppe la Terre, fermement liée à la planète par la gravité. Plus on monte dans cette couche, moins il en reste au-dessus pour presser vers le bas, si bien que l'on ressent moins de pression. Il en va de même pour le ballon.

À un instant donné, un ballon en caoutchouc a une certaine taille car la pression dirigée vers l'extérieur du gaz à l'intérieur est équilibrée par la pression dirigée vers l'intérieur de l'atmosphère à l'extérieur (plus, bien sûr, la tendance du caoutchouc à réduire la taille du ballon). Quand la pression atmosphérique diminue, la tendance de l'hélium à se dilater vers l'extérieur peut l'emporter et le ballon gonfle. Quand l'altitude augmente, le ballon a donc tendance à devenir plus gros. Gardez cela à l'esprit.

Maintenant, quels sont les effets de la température ? Nous savons que tous les gaz essayent de se dilater quand ils chauffent et de se contracter quand ils refroidissent. La raison en est que les molécules d'un gaz chaud rebondissent plus vite et poussent plus fort sur toutes les parois qui tentent de les contenir. Notre récipient particulier contenant de l'hélium monte dans de l'air de plus en plus froid : la température moyenne de la Terre diminue et passe d'environ 18 °Celsius au niveau de la mer à – 51 °C à une altitude de 10 kilomètres. Ainsi, quand le ballon monte et refroidit, il a tendance à rétrécir.

Nous avons donc deux tendances opposées : une dilatation due à la baisse de la pression atmosphérique et une contraction due à une diminution de la température atmosphérique. Laquelle va l'emporter ?

Les règles qui gouvernent la dilatation et la contraction des gaz sont bien connues : les scientifiques les ont regroupées dans une équation mathématique appelée *loi des gaz*. En utilisant cette équation, ils peuvent calculer les effets de la variation de pression et de la température d'un gaz. Si vous faites le calcul pour notre ballon d'hélium qui monte (et je l'ai fait), vous trouvez que la dilatation due à la diminution de pression est beaucoup plus importante que la contraction due à la diminution de température.

Le ballon devient donc de plus en plus gros en montant jusqu'à ce que – pan ! – le caoutchouc ne puisse plus s'étirer et éclate, virevoltant pour finir dans le pot de moutarde d'un pique-nique familial. L'hélium gazeux, maintenant libre, continue à monter dans l'atmosphère jusqu'à atteindre une altitude où l'air est si fin qu'un ballon d'air serait aussi léger qu'un ballon d'hélium, altitude à laquelle il reste jusqu'au jour du Jugement Dernier.

Le coin des scientifiques

En fait, pas tout à fait jusqu'au jour du Jugement Dernier. En raison des vents, de la météo et d'autres phénomènes de mélange, on trouve toujours un peu d'hélium dans l'air à n'importe quelle altitude – en moyenne, environ cinq atomes d'hélium pour un million de molécules d'air. Et, tout en haut de l'atmosphère, certains se libèrent même complètement de l'attraction de la Terre.

De plus, il faut admettre que d'autres phénomènes peuvent venir perturber notre beau tableau. Notre ballon peut ne pas monter assez haut pour exploser car la quantité d'hélium qu'il contient ne suffit pas à faire monter son chargement en caoutchouc suffisamment haut : il se stabilise alors à une altitude maximale. Ensuite, les vents peuvent le pousser pendant des jours, jusqu'à ce que suffisamment d'hélium ait fui (les atomes d'hélium sont extrêmement petits et peuvent diffuser à travers le caoutchouc) pour que le poids du caoutchouc fasse redescendre notre ballon. Vous avez sans doute déjà observé ce phénomène avec un ballon accroché à votre toit pendant quelques jours.

Au fait, beaucoup de ballons à l'hélium sont aujourd'hui en Mylar aluminisé – un film plastique résistant recouvert d'une fine couche d'aluminium – plutôt qu'en caoutchouc. Ils durent beaucoup plus longtemps et vont beaucoup plus haut avant de faire face à leur destin tragique. Les pilotes de certains avions de ligne en ont vu à plusieurs kilomètres d'altitude.

Regardez dans le ciel !

☞ **Les ballons, les dirigeables, les engins plus légers que l'air – quel que soit le nom qu'on leur donne – sont remplis d'hélium, non ? Mais, quand ils chauffent ou refroidissent à cause du Soleil et de la météo, le gaz doit se dilater et se contracter, n'est-ce pas ? Comment cela se passe-t-il ? Est-ce que tout le ballon se dilate et se contracte ?**

Non, cela arracherait les néons des sponsors sur les côtés, ce qui n'est pas possible car, aujourd'hui, les dirigeables ne sont que des panneaux d'affichage géants. Ils utilisent plutôt un système astucieux qui permet d'échanger l'air et l'hélium et *vice versa*.

Comme vous l'avez remarqué, un dirigeable est en fait un grand sac en caoutchouc rempli d'hélium. L'appareil flotte dans les airs car l'ensemble – l'hélium, le sac en caoutchouc, la nacelle, l'équipage et les élus locaux en virée – pèse moins lourd qu'un volume égal d'air (voyez p. 190).

Lorsqu'il fait chaud et que le Soleil cogne sur le ballon, il peut y avoir une augmentation de température, si bien que l'hélium se dilate et fait augmenter la pression à l'intérieur. Mais on ne peut pas vidanger le coûteux hélium dans l'atmosphère. De plus, comment ferait-on quand l'hélium refroidit et qu'il en faut plus pour que le ballon ne se transforme pas en prune volante ?

Il y a un petit sac d'air indépendant à l'intérieur du sac d'hélium. Il est monté de telle façon que, lorsque l'hélium se dilate, il pousse de l'air bon marché en dehors du vaisseau. Et, quand l'hélium se contracte, on compense la baisse de volume en gonflant le sac interne d'air. Ou alors on demande aux politiciens de faire des discours dedans.

Pourquoi les astronomes sont-ils accueillis de façon aussi chaleureuse ?

☞ **Dehors, plus le vent souffle et plus j'ai froid. Ça, je le comprends. Mais, quand une navette spatiale rentre dans l'atmosphère, le passage de l'air la chauffe tellement qu'il faut la protéger pour qu'elle ne brûle pas comme une météorite, bien que l'air soit beaucoup plus froid là-haut. Comment se fait-il que, lorsque le « vent » est suffisamment fort, il brûle au lieu de refroidir ?**

Tout d'abord, lorsqu'il y a beaucoup de vent, le froid que vous ressentez n'a pas grand chose à voir avec l'évaporation de la transpiration, au cas où c'est ce que vous pensez. Cet effet (voyez p. 186) s'épuise dès que la transpiration a fini de s'évaporer. Un vent fort nous refroidit car le courant de molécules d'air en mouvement vole de la chaleur à notre corps : plus vite il passe et plus il prend de la chaleur. À peine notre peau a-t-elle chauffé une molécule d'air qui passe que cette dernière est emportée, emmenant une partie de notre chaleur corporelle durement gagnée avec elle. Les vêtements nous protègent en grande partie en empêchant ces voleuses de molécules d'air d'entrer en contact avec notre peau.

Quant à la navette spatiale : la première chose à faire, c'est d'oublier le terme de *frottement*, mot que les journaux et les magazines utilisent invariablement pour « expliquer » l'élévation de température de la navette lors de la rentrée dans l'atmosphère. Le frottement provient de la friction de deux solides l'un sur l'autre. Pour les gaz, ce mot n'a aucun sens. Les molécules de gaz sont si éloignées les unes des autres, avec tellement d'espace entre elles, qu'il est impossible à un gaz de « frotter » contre quoi que ce soit. La seule chose que les molécules de gaz peuvent faire, c'est voler autour d'un objet et entrer en collision avec lui, comme une horde de mouches se ruant tête baissée contre les vitres dans un musée du fumier. (Désolé pour ce parallèle mais cela décrit exactement le comportement des molécules de gaz.)

L'air est beaucoup plus froid et plus rare à 60 kilomètres d'altitude, là où l'élévation de température d'un véhicule qui rentre dans l'atmosphère commence à devenir vraiment sérieuse. Mais, quand le « vent » passe le long de la navette à environ 29 000 kilomètres par heure, c'est-à-dire la vitesse à laquelle le véhicule rentre dans l'atmosphère, la situation est très différente de celle des alizés à basse altitude. À 29 000 km/h, la navette se déplace en fait beaucoup plus vite que les molécules d'air individuelles elles-mêmes. La vitesse moyenne de déplacement des molécules est directement liée à leur température (voyez p. 247).

Le résultat est exactement le même que si la navette était immobile et que des molécules d'air la bombardaient à leur vitesse habituelle *plus* 29 000 km/h. Cela donne une vitesse moléculaire équivalente à une température de plusieurs milliers de degrés. Ainsi, pour la navette, tout se passe comme si elle était exposée à de l'air à une température de plusieurs milliers de degrés. Si elle n'était pas couverte par un matériau céramique très résistant à la chaleur qui absorbe cette chaleur en fondant, elle brûlerait comme une météorite. (Et oui, c'est pour cela que les météorites brûlent).

Même les céramiques, cependant, ne peuvent pas résister très longtemps à ces températures. Heureusement, les bords de la navette spatiale sont précédés par une onde de choc – une couche de molécules d'air qui s'empilent car elles ne peuvent pas s'écarter assez vite du chemin. Cette couche d'air agit comme le pare-chocs avant d'un véhicule. Elle absorbe le gros de l'énergie de chaleur en se décomposant en un nuage lumineux de fragments atomiques et d'électrons – ce que les scientifiques appellent un *plasma*. C'est ce qui est à l'origine l'onde de choc en forme de V que l'on voit sur les photographies ou à la télévision.

Chapitre 6

De l'eau, de l'eau partout

L'eau est le composé chimique le plus abondant à la surface de la Terre. Elle couvre environ 75 pour cent de la surface de notre planète et lui donne sa couleur bleue et blanche lorsqu'on la regarde de l'espace. (Les nuages blancs sont, bien sûr, également de l'eau.) La quantité totale d'eau sur Terre dans les océans, les lacs, les rivières, les nuages, les calottes polaires et les soupes de poulet, s'élève à 1,5 milliard de milliards de tonnes : un homme de 70 kilogrammes contient environ 60 pour cent d'eau; les femmes en contiennent autour de 50 pour cent; les gens plus enveloppés ont un pourcentage moins important. Les bébés contiennent jusqu'à 85 pour cent d'eau, sans compter celle contenue dans les couches.

L'eau possède certaines des propriétés les plus inhabituelles de tous les produits chimiques de l'Univers et pourtant elle nous est si familière que nous n'y faisons même plus attention. Mais que se produit-il réellement quand on la fait bouillir, quand on la fait geler, quand on flotte dessus ou quand on la transpire ? Dans cette partie, nous allons regarder sous la surface de nos rencontres quotidiennes avec ce liquide tout à fait remarquable.

Suer à grosses gouttes

☞ Je sais que le fait de transpirer nous permet de maintenir notre température car, lorsque la transpiration s'évapore, elle a un effet rafraîchissant. Mais pourquoi l'évaporation refroidit-elle ? Pourquoi la température d'un liquide baisse-t-elle lorsqu'il s'évapore ? Et baisse-t-elle vraiment ?

Désolé, mais la réponse est : « Oui et non. » C'est peut-être la raison pour laquelle beaucoup d'entre nous répètent la formule préfabriquée, bien que peu instructive, selon laquelle « l'évaporation refroidit ».

Nous remarquons que nos glandes sudorales n'exsudent un liquide – de l'eau contenant un peu de sel et d'urée – sur notre peau qu'à certains moments, comme (a) lorsque nous avons chaud, (b) pendant un effort physique important ou (c) quand on s'apprête à faire un discours et que l'on ne retrouve pas ses notes.

En réalité, notre processus de transpiration fonctionne en permanence, même quand il fait froid. C'est un mécanisme essentiel à la régulation de la température de notre corps. Dans les trois situations évoquées ci-dessus, nous secrétons de la sueur plus vite qu'elle ne s'évapore et nous voyons des gouttes d'eau s'accumuler sur notre peau.

Les chiens, auxquels on fait beaucoup moins appel pour des conférences, n'ont pas de glandes sudorales sur leur peau (excepté, bizarrement, sur les coussinets de leurs pattes). Ils pendent donc une longue langue et halètent, ce qui accélère l'évaporation de leur salive, refroidissant ainsi l'air qui entre dans leurs poumons. D'autres animaux transpirent à des degrés divers. Les cochons suent effectivement parfois « comme des cochons », bien qu'ils aiment également se rafraîchir en se vautrant dans la boue, comme les éléphants et les hippopotames. Ce qui n'est pas très différent, en définitive, de notre habitude de plonger dans une piscine.

Mais qu'est-ce que l'évaporation, au juste ? C'est le processus par lequel certaines molécules à la surface d'un liquide décident simplement de quitter leurs frères et sœurs et de s'envoler. À mesure que de plus en plus de molécules s'en vont, la quantité de liquide qui reste diminue. Vous avez vu cela des dizaines de fois : les sols mouillés sèchent, de même que les vêtements sur les fils à linge.

Si l'on veut accélérer l'évaporation, on peut faire deux choses : chauffer et souffler. Chauffer un liquide donne à un plus grand nombre de ses molécules l'énergie dont elles ont besoin pour s'échapper. D'où l'existence de sèche-cheveux et de ces abominables sèche-mains à air chaud dans les toilettes publiques. Le souffle disperse les molécules fraîchement évaporées et fait de la place dans l'air pour de nouvelles molécules. Souffler sur de la soupe chaude est une application classique, bien qu'inélégante, de ce principe. Un autre exemple : s'il y a des courants d'air dans la pièce, vous avez froid en sortant de votre bain, même si la température de l'air est tout à fait confortable.

Voyez par vous-même

Soufflez sur le dos de votre main et vous la rafraîchirez, bien que votre haleine soit chaude et que vous ne pensiez pas transpirer.

L'action de souffler accélère l'évaporation des petites quantités d'humidité qui se trouvent en permanence sur votre peau. À l'extérieur, vous aurez toujours plus froid quand il y a du vent. Le « facteur de refroidissement éolien », avec lequel les météorologues du nord aiment nous effrayer, tente de prendre ce phénomène en compte. Malheureusement, il ne s'applique que lorsque l'on est nu(e).

D'accord, mais pourquoi l'exode des molécules d'eau abaisse-t-il la température du reste et donc la température de ce avec quoi le liquide est en contact ? Cela peut paraître bizarre mais le processus d'évaporation est très sélectif. Il sélectionne et prélève en priorité les molécules plus rapides (plus chaudes), laissant les plus froides (plus lentes) derrière. Voici comment.

Les molécules de n'importe quel liquide sont en mouvement perpétuel : glissant les unes sur les autres, s'agitant dans tous les sens, se jetant les unes sur les autres et se comportant en général comme une colonie de fourmis. Plus la température est élevée et plus le mouvement moléculaire est rapide (et plus les fourmis se déplacent vite, si vous tenez à le savoir). En fait, c'est l'*essence* même de la température : une mesure de l'énergie cinétique (l'énergie de mouvement) moyenne de toutes les molécules de la substance.

Le mot important ici est *moyenne* car, à une température donnée, les molécules ne se déplacent pas toutes à la même vitesse. Certaines peuvent se déplacer très rapidement après avoir rebondi à la suite d'une collision avec une autre molécule. Par contre, les molécules qui leur ont donné cette vitesse se déplacent plus lentement car elles leur ont donné une partie de leur énergie. Allez au club de billard le plus proche de chez vous et vous verrez que la boule blanche ralentit de façon substantielle alors que la balle qu'elle frappe part à grande vitesse. Mais l'énergie *moyenne* de deux boules – leur « température » – reste la même.

À votre avis, à la surface d'un liquide, quelles molécules sont les plus susceptibles de s'envoler dans les airs et de s'évaporer ? Celles de plus haute énergie, bien sûr. Et cela va abaisser l'énergie moyenne, la température, des molécules qui restent derrière. Ainsi, lorsqu'un liquide s'évapore, il refroidit.

Mais ce n'est pas la fin de l'histoire. Le refroidissement ne peut se poursuivre indéfiniment. Avez-vous déjà vu une flaque s'évaporer et se transformer spontanément en glace ? Non, ce qui se produit, c'est que, dès que la température d'un liquide qui s'évapore baisse un peu, de la chaleur arrive des alentours et fait remonter la population de molécules de haute énergie, ce qui a pour effet de maintenir la température.

« Aha ! », dites-vous. « Retour à la case départ. Si le liquide qui s'évapore n'a jamais la chance de rester froid, pourquoi l'évaporation me rafraîchit-elle ? »

Eh bien, d'où pensez-vous que cette chaleur « de remplacement » provient ? De votre peau. À mesure que l'évaporation se produit, la couche de transpiration elle-même ne peut jamais vraiment refroidir car elle prélève en permanence de la chaleur à votre peau et la rejette dans l'air grâce à ses molécules les plus chaudes. C'est juste un intermédiaire, qui aide votre peau à rejeter de la chaleur.

La vitesse à laquelle les liquides s'évaporent dépend de la façon dont les molécules sont liées dans les liquides. Dans un liquide dont les molécules ne sont pas très fortement liées les unes aux autres, elles peuvent quitter la foule beaucoup plus facilement et le liquide s'évapore donc plus rapidement. Certains liquides s'évaporent si vite – ils sont si *volatils* – que la chaleur ne peut pas arriver assez vite de l'extérieur. Dans ce cas, la température du liquide baisse réellement.

L'alcool éthylique fait partie de ces liquides volatils. Il s'évapore plus de deux fois plus vite que l'eau.

Voyez par vous-même

Mettez un peu d'alcool à 90° ou 70° sur votre peau; vous sentirez une sensation de froid beaucoup plus importante qu'avec de l'eau.

C'est parce que les molécules « chaudes » d'alcool partent tellement vite que notre corps n'arrive pas à réchauffer la zone pour la maintenir à la même température.

Le chlorure d'éthyle est un liquide extrêmement volatil dont les molécules n'aiment pas vraiment vivre ensemble et ne demandent qu'à quitter le foyer familial. Il s'évapore environ cent fois plus vite que l'eau. Mettez un peu de chlorure d'éthyle sur votre peau et il refroidira tellement que vos sensations seront engourdies. Les médecins l'utilisent comme anesthésique local pour des opérations mineures de chirurgie dermatologique.

Pousse, Archimède !

☞ Comment un porte-avions de cent mille tonnes peut-il flotter sur l'eau ? Je sais que, s'il s'agissait d'un bloc d'acier, il coulerait mais ce n'est pas un bloc : la coque est creuse. Mais comment l'eau en dessous peut-elle le savoir ?

La réponse invariable à cette question banale ressemble à ça : « D'après le principe d'Archimède, un corps plongé dans un fluide reçoit une force verticale dirigée vers le haut égale et opposée au poids du fluide déplacé. Et c'est pour cela que les objets flottent. » Tout à fait correct, bien sûr, mais pas plus éclairant qu'une luciole portant un manteau.

De toute évidence, l'eau en dessous d'un bateau ne sait pas du tout si l'objet qui appuie sur sa surface est un bloc solide ou du gruyère qui prend la mer (excepté les trous dans la coque mais nous en reparlerons). Néanmoins, notre expérience avec les objets flottants, des pirogues au polystyrène, nous fait penser que le fait d'être creux – de contenir de l'air – est d'une certaine façon nécessaire. Ce n'est pas le cas; vider les objets est juste un moyen de les alléger. Les objets légers flottent et les objets lourds coulent. Ce qui est exactement ce à quoi l'on s'attendrait si ce bon vieil Archimède ne nous avait pas plongés en eaux troubles, pour ainsi dire.

La question est la suivante : jusqu'à quel point un objet doit-il être léger pour flotter ? Et la réponse est : il doit être plus léger qu'un volume équivalent d'eau. Le poids d'un volume donné d'une substance donnée est appelé *densité*. La densité s'exprime en général en grammes par centimètre cube, en kilogrammes par litre (décimètre cube) ou en tonnes par mètre cube. Si un bateau dans son ensemble, considéré comme un énorme et complexe amas de métal, de bois, de plastique, de vide, etc. pèse moins lourd qu'un volume égal d'eau – c'est-à-dire si la *densité* du bateau est inférieure à celle de l'eau – alors il flotte. Un morceau de bois flotte car sa densité vaut environ 60 pour cent de celle de l'eau, aussi n'est-il pas nécessaire de le vider.

Si l'on veut faire flotter un porte-avions de cent mille tonnes, il faut sérieusement le creuser pour faire baisser sa densité. Cela ne pose bien sûr aucun problème car cela nous permet d'aménager quelques endroits commodes où mettre des marins et des avions.

Pour comprendre pourquoi la densité d'un objet flottant doit être inférieure à celle de l'eau, faisons une petite expérience. Déposons le porte-avions *USS Nimitz* (le plus grand du monde, il pèse cent mille tonnes) très doucement dans une baignoire assez grande pour le faire flotter. La gravité assure sa fonction d'abaissement en tirant le bateau vers le bas, dans l'eau, avec une force égale au poids de ce dernier. (C'est la *nature* même du poids.) Mais, lorsqu'il entre dans l'eau, le bateau y fait un trou. C'est-à-dire qu'il doit pousser de l'eau sur le côté et vers le haut, s'opposant ainsi à la préférence gravitationnelle de cette dernière (voyez p. 214). Ainsi, lorsque la gravité tire le bateau vers le bas, une partie de l'eau remonte malgré la gravité. Avez-vous remarqué l'augmentation du niveau de l'eau dans la baignoire ?

Quelle quantité d'eau s'*élève* finalement contre la gravité ? Exactement le même poids que la force, *dirigée vers le bas*, de la gravité sur le bateau. En d'autres termes, le poids de l'eau qui a été soulevée ou déplacée est égal au poids du bateau. Quand cette limite est atteinte – cent mille tonnes d'eau déplacées dans le cas du *Nimitz* –, le bateau cesse de s'enfoncer. Mon Dieu, il flotte !

Remarquez toutefois que chaque mètre cube d'eau déplacée doit avoir été déplacé par exactement un mètre cube de bateau. Cela signifie que le volume du bateau sous la ligne de flottaison est égal à celui de cent mille tonnes d'eau. Cependant, comme l'eau est plus dense que le bateau, cent mille tonnes d'eau prennent moins de place que cent mille tonnes de bateau – c'est-à-dire moins que la totalité du bateau. La totalité du bateau n'est donc pas sous la ligne de flottaison. Heureusement, car cela signifie que la ligne de flottaison s'arrête au milieu de la coque, ce qui arrange les marins. Tout cela parce que le bateau a été conçu pour que sa densité globale soit inférieure à celle de l'eau.

Vous ne l'avez pas demandé, mais…

☞ **Et les sous-marins ? Parfois ils préfèrent flotter et parfois ils préfèrent couler. Comment font-ils pour modifier leur flottabilité ?**

Très simplement. Ils modifient la quantité d'air qu'ils emportent, changeant ainsi leur densité. Vous voulez plonger ? Vous remplissez les ballasts d'eau. Vous voulez faire surface ? Vous remplacez l'eau par de l'air comprimé. C'est cependant un peu plus compliqué dans la réalité car la densité de l'eau de mer varie un peu en fonction de la profondeur, de la température et de la salinité (la proportion de sel). Il faut donc ajuster en permanence la densité d'un sous-marin.

Voyez par vous-même

L'eau de mer est environ trois pour cent plus dense que l'eau douce. Un bateau flotte donc trois pour cent de plus sur l'océan que sur un lac et il est

donc un peu plus haut. La mer Morte et le Grand Lac Salé aux États-Unis sont si denses en raison de tous les sels dissous que la flottabilité est étonnante. Essayez de flotter dans l'un d'eux si vous en avez l'occasion. Vous ne coulerez que de quelques centimètres. C'est une sensation incroyable.

Vous ne l'avez pas demandé non plus, mais…

☞ Selon Archimède, tout objet immergé reçoit une force de flottaison verticale et dirigée vers le haut. D'où vient cette force ?

Si vous n'êtes pas convaincu(e) que l'eau exerce une pression dirigée vers le haut, essayez d'immerger un ballon dans votre baignoire. Vous sentirez une poussée substantielle qui résiste à votre poussée vers le bas.

Quand nous avons plongé le *Nimitz* dans notre baignoire géante, le niveau de l'eau est monté : la profondeur a augmenté. Comme tous les plongeurs le savent, une plus grande profondeur signifie une pression plus grande. Cette augmentation de pression est omniprésente dans l'eau de la baignoire car l'eau ne peut pas absorber une force de la même façon qu'un ressort ou un morceau de caoutchouc. L'eau doit transmettre cette augmentation de pression dans toutes les directions et à tout ce avec quoi elle est en contact, y compris la coque du bateau. Toutes les poussées est-ouest et nord-sud sur la coque se compensent et il ne reste qu'une poussée non compensée vers le haut. C'est la pression qui pousse le bateau vers le haut en s'opposant à la gravité. *Voilà*[1] ! Ça flotte.

D'accord, je sais ce que vous pensez. Les porte-avions naviguent plus souvent sur les océans que dans des baignoires. Suis-je en train de vous dire que le niveau de l'océan s'est élevé quand le *Nimitz* a été mis à l'eau ? Tout à fait. Mais étalez ces cent mille tonnes d'eau sur la surface de tout l'océan Atlantique et vous verrez que l'élévation est plutôt modeste. Il y a peu de chances qu'elle inonde votre plage préférée. Néanmoins, c'est un volume d'eau égal au volume

1. En français dans le texte. (NDT)

immergé du bateau jusqu'à la ligne de flottaison et une force égale au poids de l'eau agit toujours sur le bateau.

Au fait, Archimède n'avait pas de porte-avions sous la main; selon la légende, il a utilisé son propre corps. Il a rempli sa baignoire à ras bord, est entré dans l'eau et a réalisé que le poids de l'eau qui avait débordé devait être égal à sa perte de poids – sa flottabilité – dans l'eau.

L'histoire ne raconte pas la réaction de sa propriétaire.

Et ça non plus, mais…

☞ **Pourquoi un trou dans la coque fait-il couler un bateau ?**

L'eau se précipite dans le trou car elle est sous pression, laquelle dépend de la profondeur du trou par rapport à la surface – plus le trou est bas et plus l'eau entre vite. Lorsque de l'eau entre dans le bateau, elle remplace un volume égal d'air, augmentant ainsi le poids du bateau et donc sa densité globale. Quand suffisamment d'eau est entrée, faisant suffisamment augmenter le poids pour surmonter la flottabilité, le bateau coule.

Comme un poisson dans l'eau

☞ **Un jour que je me baignais avec un masque et un tuba, j'ai vu un coquillage sur le fond, et j'ai voulu le ramasser. J'ai essayé de plonger, mais il m'a été très difficile de descendre à cette profondeur. Les poissons plongeaient tout autour de moi. Pourquoi est-ce facile pour eux ? Ont-ils quelque chose que je n'ai pas ?**

Le problème, c'est que vous avez quelque chose qu'ils n'ont pas : des poumons.

Pour se sentir chez lui et rester en suspension dans l'eau, en équilibre précis sans flotter ni couler, un poisson – ou tout autre objet – doit avoir exactement la même densité globale que l'eau. C'est-à-dire qu'il doit peser exactement le même poids qu'un volume égal d'eau de mer (voyez p. 190). S'il pèse plus lourd, il coule au fond. S'il pèse moins lourd, comme c'est le cas pour la plupart d'entre nous, il flotte à la surface et y reste. Les bateaux sont, bien sûr, soigneusement conçus pour appartenir à cette deuxième catégorie.

Les os est les muscles sont plus denses que l'eau de mer et tout animal coule à moins de contenir des matières très légères, comme un sac interne de gaz, pour compenser et réduire sa densité globale. Nous les créatures terrestres avons des poumons et la plupart des poissons ont une vessie gazeuse (ou vessie natatoire) – une petite poche remplie de gaz. Les vessies gazeuses des poissons ne représentent que cinq pour cent de leur volume alors que nos poumons occupent la majeure partie de notre cage thoracique. Nos poumons abaissent notre densité globale, si bien que notre corps flotte mieux que beaucoup d'essences de bois.

Même si un poisson est plus dense que l'eau de mer, il peut éviter de couler en nageant sans s'arrêter. De même, quand nous ramassons des coquillages sur le fond, nous pouvons descendre en palmant vigoureusement mais, hélas, nous ne sommes pas aussi efficaces dans l'art de la propulsion sous-marine que les poissons. Même si nous l'étions, nous devrions faire beaucoup plus d'efforts, car nous sommes encombrés de ces énormes ailes maritimes appelées poumons.

Vous ne l'avez pas demandé, mais…

☞ Si la densité d'un poisson lui permet de rester en suspension dans l'eau, comment fait-il pour remonter ou plonger quand il veut changer de profondeur ?

Bien sûr, il peut toujours nager vers le bas dans la direction souhaitée mais ce n'est qu'une solution temporaire. Ce qu'il aimerait vraiment faire, c'est adapter son corps à la pression qui règne à la nouvelle profondeur afin de maintenir sa flottabilité et de rester là sans avoir constamment à lutter pour descendre ou remonter. C'est le rôle de sa vessie gazeuse.

Quand un poisson descend plus profond, la pression qu'il subit augmente car il y a plus d'eau au-dessus de lui. Cette pression plus importante comprime la vessie natatoire, ce qui augmente la densité du poisson : il devient plus dense qu'il ne le faut pour rester en suspension. Pour rester à cette profondeur sans effort, il faut qu'il regonfle sa vessie gazeuse. Inversement, quand un poisson remonte, il doit comprimer sa vessie natatoire pour pouvoir rester en suspension sans avoir à nager.

Pendant longtemps, on a pensé que c'était exactement ce que faisaient les poissons : gonfler et comprimer leur vessie gazeuse pour s'ajuster à la profondeur de l'eau. Mais les scientifiques ont découvert qu'ils n'ont tout simplement pas les muscles nécessaires. Étonnamment, ce qu'ils font, c'est modifier la quantité d'oxygène contenue dans leur vessie. En ajoutant du gaz dans sa vessie natatoire ou en en faisant sortir, un poisson peut réajuster sa densité pour qu'elle soit exactement égale à celle de l'eau et rester en suspension sans effort et sans avoir à trop nager, quelle que soit l'action que la pression de l'eau a eu sur sa vessie.

Où un poisson trouve-t-il l'oxygène supplémentaire quand il en a besoin pour rester à une profondeur plus importante ? Il prend de l'oxygène dans son système sanguin et le transfère dans sa vessie. Que fait-il de l'excédent de gaz lorsqu'il veut remonter ? Il le fait repasser dans son système sanguin. Ingénieux !

Certains poissons malheureux n'ont pas de vessie natatoire. Ils sont légèrement plus denses que l'eau de mer et doivent nager en permanence pour ne pas couler. Les maquereaux et certaines espèces de thon coulent dès qu'ils arrêtent de nager. Le turbot, quant à lui, abandonne et reste sur le fond.

Si nous devons lutter pour plonger, réconfortons-nous en pensant que certains poissons doivent lutter pour ne pas couler.

Les poissons peuvent-ils souffrir de la pression ?

☞ **J'ai entendu dire que les poissons peuvent avoir des accidents de décompression comme cela arrive parfois aux plongeurs. D'accord, ça paraît bête de le demander, mais combien de temps un poisson peut-il rester sous l'eau sans être malade ?**

Heureusement, pas besoin de répondre à cette question car les plongeurs – et les poissons – n'ont pas la maladie des caissons (plus précisément connue sous le nom de « mal de décompression ») parce qu'ils restent dans l'eau trop longtemps. Les plongeurs en souffrent s'ils remontent trop vite mais les poissons peuvent également en souffrir, pour d'autres raisons.

Quand la pression de l'eau sur le corps d'un(e) plongeur/se diminue trop vite, des bulles de gaz peuvent se former dans son système sanguin. C'est pour le moins douloureux. Eh oui, la même chose peut arriver à un poisson mais pas s'il remonte trop vite. Cela se produit si les caractéristiques de l'eau de mer elle-même changent.

L'oxygène se dissout dans l'eau et les liquides à base d'eau comme le sang et les fluides corporels. C'est bien sûr très bien pour les poissons car ils vivent grâce à l'oxygène dissous dans l'eau. Mais l'azote, qui est le principal constituant de l'air (78 pour cent) et qui est inerte et inutile aux mécanismes physiologiques, se dissout également dans l'eau et dans le sang. En temps normal, cela ne pose pas de problème pour les plongeurs et les poissons car ils extraient l'oxygène dont leur métabolisme a besoin et rejettent l'azote par leurs poumons ou leurs branchies. Mais, si, pour une raison quelconque, il y a trop d'air dissous dans notre système sanguin, nous ne pouvons pas toujours éliminer l'excédent d'azote dissous assez rapidement. Il peut former des petites bulles de gaz bloquant la circulation et détruisant les tissus.

La quantité d'air dissous dans l'eau à une température donnée dépend de la pression; plus la pression est élevée, plus la quantité de gaz qui peut se dissoudre est grande (voyez p. 17). Quand un(e) plongeur/se descend, l'augmentation de la pression entraîne une dissolution d'oxygène et d'azote plus importante dans son système sanguin via ses poumons.

L'oxygène ne pose pas de problème car l'hémoglobine du sang s'y accroche avec empressement et le livre aux cellules. C'est son boulot.

Mais, quand un(e) plongeur/se refait surface, la pression diminue et ce serait bien si l'excès d'azote dissous pouvait repartir par là où il est venu : par les poumons. Malheureusement, ce processus peut être très lent. Si la pression diminue trop rapidement, l'excès d'azote gazeux dissous se regroupe sous forme de bulles, comme le fait le dioxyde de carbone lorsque vous libérez la pression en ouvrant une canette de soda.

Pour les plongeurs, la réponse est bien sûr de remonter lentement et de donner une chance à l'azote de quitter graduellement le système sanguin, molécule par molécule, et de sortir par les poumons.

Si un poisson remontait à grande vitesse d'une grande profondeur à la surface, la même chose se produirait, avec deux différences : la première, c'est que les poissons savent qu'il ne faut pas le faire; la seconde, c'est que quelque chose de plus dramatique aurait lieu – la vessie natatoire (ou vessie gazeuse) du poisson (voyez p. 194) gonflerait tellement qu'elle écraserait le poisson de l'intérieur et le tuerait.

Nous avons dit que les poissons pouvaient avoir le même problème que nous avec les bulles d'azote. Voici comment.

Supposons qu'un poisson soit joyeusement acclimaté à son environnement, nageant dans de l'eau qui contient une certaine quantité d'air dissous. Son système sanguin est ajusté et contient la même quantité d'azote.

Supposons maintenant que le poisson s'aventure dans des eaux qui, pour certaines raisons (nous y viendrons), contient beaucoup plus d'azote dissous que normalement dans ces conditions de température et de pression. Sous peu, son sang acquiert la même quantité anormale d'azote dissous. C'est une condition précaire car, à tout moment, l'excès d'azote peut former des bulles et le poisson aura la maladie des caissons. Il ne pourra se soulager qu'en descendant à une plus grande profondeur, où l'augmentation de pression redissoudra les bulles dans son sang.

Comment un poisson peut-il se trouver dans une eau qui contient une quantité anormale d'azote dissous ? Il s'avère que cela n'a rien à voir avec la température ou la pression.

Par exemple, un poisson peut se trouver dans une rivière qui contient la quantité normale d'azote dissous à cette température et cette pression avant d'arriver dans une zone d'eau plus chaude car rejetée par une usine ou une centrale électrique (les centrales électriques rejettent inévitablement une grande quantité de chaleur perdue, voyez p. 259). En toute logique, l'eau plus chaude devrait contenir moins d'azote dissous, pas plus, car les gaz se dissolvent moins bien dans de l'eau chaude que de l'eau froide (voyez p. 17). Mais, si l'eau rejetée par la centrale n'a pas eu suffisamment de temps pour perdre son excès d'azote dissous quand elle a été chauffée – et rappelez-vous que l'évolution de l'azote peut être lente –, alors elle contient toujours plus d'azote qu'elle ne le devrait dans les conditions normales de la rivière. Le pauvre poisson se retrouve à nager dans une eau contenant une quantité anormalement élevée d'azote dissous, et il attrape le mal des caissons quand il repart. Ainsi, les centrales électriques tuent les poissons d'une rivière « simplement » en y déversant de l'eau chaude.

Un autre exemple : avez-vous déjà acheté, rapporté chez vous et transféré de leur sachet dans un bocal d'eau douce un couple de poissons rouges avant de les voir tomber malades et mourir ? Eh bien voici ce qui s'est peut-être passé. L'eau de votre robinet contient beaucoup d'air dissous car elle est froide et qu'elle a probablement été vaporisée pour être aérée. Vous la mettez ensuite dans l'aquarium, où elle se réchauffe lentement pour arriver à la température de la pièce. Mais elle a peut-être gardé la même quantité d'azote dissous que lorsqu'elle était froide car, comme nous l'avons noté plus haut, l'élimination de l'excès d'azote peut être très lente. L'eau contient donc encore une quantité anormale d'azote dissous quand vous y mettez vos poissons, qui souffrent de la maladie des caissons avant de mourir.

Peut-on faire quelque chose pour les poissons tués par les centrales électriques et les milliers de meurtres de poissons rouges commis tous les jours ? Oui, et c'est assez facile. Simplement laisser l'eau reposer pendant longtemps avant de la rejeter dans la rivière ou de la mettre dans l'aquarium. Cette période permettra à tout excès d'azote de s'échapper. L'eau retrouvera une quantité d'azote dissous adaptée à sa température et à sa pression et donc adaptée à un poisson à cette température et à cette pression.

Vous ne l'avez pas demandé, mais…

☞ D'où les poissons vivant dans les profondeurs de l'océan tirent-ils leur oxygène ? Quelle quantité d'oxygène peut-il bien y avoir tout en bas, alors que l'atmosphère est si loin au-dessus ?

L'oxygène ne provient pas uniquement de la dissolution de l'air atmosphérique. Vous oubliez les plantes, qui inspirent du dioxyde de carbone et expirent de l'oxygène. L'océan abrite une flore abondante et l'oxygène émis par ces plantes se dissout directement dans l'eau. En nageant et en filtrant constamment de grandes quantités d'eau avec leurs branchies, les poissons peuvent absorber beaucoup d'oxygène, même s'il n'est pas très concentré.

S'il n'y a pas assez de plantes dans une zone pour alimenter la respiration des poissons, ils vont tout simplement voir ailleurs.

Bain moussant

☞ Pourquoi les bulles de savon sont-elles rondes ?

Prenons les choses ainsi : vous seriez plutôt surpris(e) si elles étaient carrées, non ? C'est parce que nous voyons, depuis notre plus tendre enfance, que Dame Nature préfère la régularité. Il n'y a pas beaucoup d'objets dans la Nature qui ont des pointes ou des angles saillants. Les cristaux minéraux, que l'on trouve sous de belles formes géométriques pointues, constituent sans doute la plus grande exception. C'est peut-être la raison pour laquelle beaucoup de gens pensent que les cristaux et les pyramides sont dotés de pouvoirs surnaturels.

Toutefois, c'est de la métaphysique, pas de la science. Les bulles sont rondes – sphériques – car il existe une force attractive appelée *tension de surface* (voyez p. 7) qui tire sur les molécules d'eau pour qu'elles forment les groupes les plus compacts possibles. Et l'arrangement le plus compact possible pour un ensemble de particules est une sphère. De toutes les formes possibles – le cube, la pyramide ou les découpages irréguliers –, la sphère a la plus faible surface extérieure.

Dès que l'on fait une bulle de savon, la tension de surface fait prendre la plus petite surface à l'aire extérieure du film d'eau savonneuse. Elle devient sphérique. Si vous n'aviez pas délibérément piégé de l'air à l'intérieur, l'eau savonneuse rétrécirait pour former une gouttelette sphérique, comme le font les gouttes d'eau.

L'air à l'intérieur pousse vers l'extérieur sur le film d'eau savonneuse. Tous les gaz exercent une pression sur leur contenant car ils sont constitués de particules volant librement et rebondissant sur tout ce qui se trouve sur leur passage (voyez p. 159). Dans une bulle, la tension de surface dirigée vers l'intérieur est exactement égale à la différence entre la pression de l'air à l'intérieur (qui pousse vers l'extérieur) et celle à l'extérieur. Sinon, la bulle se contracterait ou grossirait jusqu'à atteindre cet équilibre.

Si l'on essaie de mettre plus d'air pour faire une bulle plus grosse, cela fait augmenter la pression à l'intérieur. Tout ce que le film d'eau peut faire pour contrebalancer l'augmentation de pression à l'intérieur, c'est augmenter sa surface, ce qui a pour effet d'augmenter les forces de tension de surface dirigées vers l'intérieur. Elle grossit donc avec obéissance mais elle devient plus fine. Si vous continuez à souffler, arrive un moment où le film n'a plus assez d'eau pour continuer à s'étendre et la catastrophe ultime se produit : votre bulle éclate.

Il se passe exactement la même chose avec les bulles de chewing-gum, sauf que ce n'est pas la tension de surface qui est la force de contraction dirigée vers l'intérieur, c'est l'élasticité du caoutchouc de votre chewing-gum (oui, du caoutchouc). L'élasticité, comme la tension de surface, indique : « essayons de prendre la plus petite forme possible ».

Vous ne l'avez pas demandé, mais...

☞ **Pourquoi faut-il utiliser de l'eau savonneuse pour faire des bulles ? Pourquoi ne peut-on pas utiliser simplement de l'eau ?**

Pour ce qui est de l'intensité de la tension de surface (dirigée vers l'intérieur), l'eau est la championne de tous les liquides. Sa tension de surface est si forte que l'eau refuse de s'étirer, même pour prendre la forme à trois dimensions dont la surface est la plus petite de toutes : la sphère. L'eau sait qu'elle peut avoir une surface encore plus petite simplement en s'allongeant par terre et en refusant de prendre une forme en trois dimensions. L'eau pure ne permet donc pas de faire des bulles de quelque forme que ce soit – ou du moins pas des bulles survivant plus de quelques instants.

Le savon a pour effet de réduire la tension de surface de l'eau (voyez p. 7). Il la fait suffisamment baisser pour que l'on puisse étirer la « peau » de l'eau en trois dimensions.

L'alcool a une tension de surface si faible que l'on ne peut absolument pas en faire des bulles. Ce serait comme tenter de faire des bulles avec un chewing-gum qui n'aurait quasiment aucune élasticité.

L'eau et le mouillé

☞ **Tous les liquides sont-ils mouillés ?**

Non, tous les liquides ne sont pas mouillés. Même l'eau n'est pas toujours mouillée. Ça dépend de ce qu'elle mouille.

Posez cette question à un linguiste et il vous dira que c'est une question stupide. Le mot *mouillé* est si intimement lié au mot *eau* dans notre langage que *mouillé* a toujours signifié « recouvert d'eau ». L'eau est par définition *mouillée* et l'opposé de *mouillé* est *sec*, qui signifie « exempt d'eau ».

Mais le langage ne représente pas forcément bien la réalité. Cette intimité linguistique entre l'eau et l'aspect mouillé vient du fait que nos ancêtres ne connaissaient pas d'autres liquides quand ils eurent besoin d'un mot pour décrire leur état lorsqu'ils sortaient d'une rivière. Après tout, l'eau n'est pas seulement le liquide le plus abondant à la surface de la Terre, c'est également le composé chimique le plus abondant. Même aujourd'hui, la plupart d'entre nous auraient du mal à citer deux ou trois autres liquides. Le sang et le lait ne comptent pas, bien sûr, car ils sont en majorité constitués d'eau.

Il existe cependant d'innombrables autres liquides. En principe, on peut fondre n'importe quel matériau solide et le transformer en liquide en le chauffant et liquéfier n'importe quel gaz et le transformer en liquide en le refroidissant. Il se trouve que l'eau est sous forme liquide dans toute la gamme de températures à laquelle la vie existe aussi ou presque. Ce n'est bien sûr pas une coïncidence : la vie est probablement apparue dans l'eau et l'eau liquide est essentielle à toutes les formes de vie.

Pourquoi donc ce liquide omniprésent est-il mouillé ? Pourquoi nous colle-t-il à la peau lorsque nous sortons d'une rivière ? Nos ancêtres primitifs auraient adoré cette explication : elle nous colle à la peau parce qu'elle nous *aime*.

En termes un peu plus scientifiques, les molécules adhèrent aux substances dont les molécules ont de l'attraction pour elles. S'il n'y avait pas d'attraction entre les molécules d'une goutte d'eau et les molécules à la surface de notre peau, l'eau roulerait comme sur les plumes d'un canard. Notre tâche est donc de découvrir la nature de ces forces attractives.

À plusieurs autres reprises dans ce livre, nous parlons du fait que les molécules d'eau sont *polaires* et s'attirent les unes les autres comme de minuscules aimants (voyez p. 100). Les molécules d'eau sont également attirées les unes par les autres à cause des *liaisons hydrogène* (voyez p. 100). Si une substance étrangère dont les molécules sont également polaires ou sujettes aux liaisons hydrogène passe par là, les molécules d'eau sont attirées vers elles comme elles le sont entre elles. En d'autres termes, l'eau mouille la substance en question.

La plupart des protéines et des glucides, y compris les protéines de notre peau et la cellulose du bois, du papier, du coton et d'autres matières végétales, sont composés de molécules ayant les caractéristiques adéquates pour que les molécules d'eau veuillent se blottir contre elles. Ils seront donc mouillés par l'eau. En revanche, d'autres substances comme les cires et les huiles n'ont aucune de ces deux propriétés moléculaires nécessaires pour être mouillées par l'eau.

Voyez par vous-même

Trempez une bougie dans un verre d'eau et vous verrez que l'eau ne mouille pas forcément. L'eau « mouille » parfois, mais parfois pas, selon le matériau que l'on trempe dedans.

Et les autres liquides ? Sont-ils toujours « mouillés » ? On pourrait se poser cette question à propos de liquides comme l'alcool, l'essence, le benzène, l'huile d'olive et même les métaux liquides comme le mercure. Comme l'eau, ces liquides mouillent les matériaux aux molécules desquels ils sont attirés par une force mutuelle. En ce qui concerne la peau humaine, les quatre premiers peuvent trouver suffisamment de points communs avec les « molécules de peau » pour y adhérer et ces liquides vous mouillent. Mais les atomes métalliques n'ont rien en commun avec nos « molécules de peau » et ne les mouillent absolument pas.

Voyez par vous-même

Si vous avez un jour l'occasion de tremper votre doigt dans du mercure, vous verrez qu'il ressort aussi sec que la bougie l'était en sortant de l'eau. (Ne restez pas trop longtemps près du mercure, sa vapeur est toxique.) Mais trempez un morceau propre de cuivre ou de laiton dans du mercure, et ce dernier les mouillera allègrement car les atomes métalliques ont tous des forces attractives similaires et ont tendance à coller les uns aux autres. Si vous avez déjà fait de la soudure, vous savez que le métal fondu mouille les parties métalliques que vous voulez souder.

Le coin des scientifiques

La capacité d'un liquide à mouiller est un terme relatif. Certains liquides sont plus mouillés que d'autres : ils s'étalent et s'écoulent plus rapidement sur une surface qu'ils mouillent.

Étonnamment, l'eau ne mouille pas très bien pour un liquide. L'alcool, par exemple, mouille beaucoup plus que l'eau. C'est parce que les molécules d'eau adhèrent si fortement les unes aux autres qu'elles ont tendance à ignorer les autres molécules alentour et n'y adhèrent pas très volontiers même si elles ont les mêmes types d'attractions moléculaires.

Voyez par vous-même

Versez quelques gouttes d'eau sur votre parapluie et elles rouleront, à moins que vous ne les forciez à mouiller le matériau en les frottant avec votre doigt. Mais, si vous versez quelques gouttes d'alcool sur votre parapluie, elles l'imbiberont instantanément.

Certaines substances, quand on les ajoute à l'eau, augmentent leur capacité à mouiller. Le savon est la plus courante. (Voyez p. 7 pour savoir comment il fonctionne.)

Brève de comptoir

Les liquides ne sont pas tous mouillés et même l'eau est parfois sèche.

Le paradoxe du chaud-froid

☞ Une bonne fois pour toutes : est-ce que l'eau chaude gèle plus vite que l'eau froide ? Certains jurent que c'est le cas. Y a-t-il une explication scientifique définitive ?

Euh, oui et non. Désolé.

Cette controverse fait rage depuis le début du XVIIe siècle, époque où Francis Bacon devint l'un des membres fondateurs du camp « Je parie que l'eau chaude gèle plus vite que l'eau froide ».

La seule réponse appropriée à cette question est : « Ça dépend. » Ça dépend de la façon dont la solidification a lieu. Geler de l'eau peut paraître on ne peut plus simple mais il y a plusieurs facteurs qui peuvent influencer le résultat. À partir de quelle température parle-t-on de « chaud » ? Et quand parle-t-on de « froid » ? Quelle est la quantité d'eau dont nous parlons ? Dans quoi est-elle contenue ? Quelle est sa surface totale ? Comment la refroidit-on ? Et qu'entend-on exactement par « gèle d'abord » — une pellicule de glace en surface ou un bloc solide ?

Écoutons certains des partisans et des opposants :

Opposant : C'est impossible ! Il faut refroidir l'eau à 0 °Celsius pour qu'elle puisse geler. L'eau chaude a plus de chemin à parcourir, elle ne peut donc pas gagner la course.

Partisan : Oui mais la chaleur quitte un objet plus vite quand la différence de température entre l'objet et son environnement est plus importante. Plus un objet est chaud et plus il refroidit rapidement en degrés par minute. La chaleur sort donc de l'eau chaude plus vite et cette dernière refroidit plus vite.

Opposant : Peut-être. Mais qui dit que la chaleur sort par conduction, de toute façon ? Il y a aussi la convection et le rayonnement. Allez voir à la page 23 de ce livre. De toute façon, cela signifierait que l'eau chaude pourrait au mieux rattraper l'eau froide dans la course vers 0 °C mais elle ne pourrait pas la dépasser. Même si l'eau chaude rattrapait l'eau froide, elle ne pourrait que refroidir ensuite à la même vitesse. Au mieux, elles gèleraient en même temps.

Partisan : Ah oui ?

Opposant : Parfaitement.

Ayant atteint le point où la rationalité s'apprête à quitter le débat, nous pouvons arbitrer la discussion en disant que, jusqu'ici, ce sont les opposants qui l'emportent. Il est clair que, dans des conditions absolument identiques et contrôlées, l'eau chaude ne pourra jamais geler plus vite que l'eau froide. Le problème, c'est que l'eau chaude et l'eau froide *n'*évoluent *pas* dans des conditions identiques. Même si nous avions deux récipients identiques refroidissant exactement de la même façon, plusieurs facteurs pourraient assurer la victoire de l'eau chaude. En voici quelques-uns.

L'eau chaude s'évapore plus vite que l'eau froide. Si l'on part avec exactement les mêmes quantités d'eau (ce qui est, bien sûr, essentiel), il restera moins d'eau du côté de l'eau chaude quand elle arrivera à 0 °C. Naturellement, une quantité d'eau inférieure gèle plus rapidement.

Si vous pensez que l'évaporation ne peut avoir qu'un effet anecdotique, réfléchissez à ça : aux températures normales de l'eau du robinet (respectivement 20 °C et 60 °C), l'eau chaude s'évapore environ sept fois plus vite que l'eau froide. Sur une période d'une heure ou deux, la quantité d'eau peut diminuer de façon substantielle en raison de cette différence de vitesse d'évaporation. Bien sûr, lorsque l'eau refroidit, l'évaporation ralentit progressivement. Néanmoins, l'eau chaude peut avoir diminué d'une quantité non négligeable en chemin.

L'eau est un liquide inhabituel sous plusieurs aspects. Par exemple, elle a besoin de beaucoup de chaleur, relativement parlant, pour que sa température augmente d'un degré. (En jargon scientifique : l'eau a une *capacité thermique* importante.) Inversement, il lui faut céder beaucoup de chaleur pour que sa température baisse d'un degré. S'il manque ne serait-ce qu'un peu d'eau dans le récipient, elle aura donc moins de chaleur à perdre pour arriver au point de congélation. Ainsi, si la quantité d'eau chaude a diminué du fait de l'évaporation, il se peut que l'eau atteigne la température de 0 °C avant l'eau de l'autre récipient. C'est-à-dire qu'elle pourrait en fait dépasser l'eau chaude et passer la ligne d'arrivée en premier. De plus, une fois au point de congélation, il faut encore prélever une grande quantité de chaleur à l'eau pour la transformer en glace : 80 calories par gramme (voyez p. 170). Encore une fois, un peu moins d'eau signifie un peu moins de chaleur à prélever pour la faire geler.

L'évaporation d'un liquide le refroidit (voyez p. 186). L'évaporation plus rapide des molécules d'eau chaude entraîne un refroidissement par évaporation supplémentaire qui s'ajoute aux autres refroidissements dans les deux récipients. Un refroidissement plus rapide entraîne un gel plus rapide.

L'eau chaude contient moins d'air dissous que l'eau froide. Tout ce qui est dissous dans l'eau, y compris un gaz, la fait geler à une température plus basse (voyez p. 94). Plus il y a d'air (ou quoi que ce soit d'autre) dissous dans l'eau et plus il faut la refroidir à une température basse pour qu'elle gèle. Comme elle contient moins d'air, il n'y a pas besoin de refroidir l'eau chaude autant que l'eau froide et l'eau chaude peut donc geler plus tôt.

Ce dernier argument, pourtant souvent cité, ne tient pas la marée, si l'on peut dire. L'abaissement du point de congélation dû à la quantité d'air dissous ne s'élève qu'à quelques millièmes de degré. Néanmoins (il y a toujours un néanmoins), beaucoup de gens affirment que, lorsque les conduites d'eau gèlent dans une maison qui n'est pas chauffée l'hiver, ce sont en général les conduites d'eau chaude – qui en contenaient au départ – qui gèlent en premier.

En prenant tout cela en compte, il est donc tout à fait possible que, dans certaines circonstances, un seau d'eau chaude laissé dehors en hiver gèle plus vite qu'un seau d'eau froide. Les affirmations des Canadiens clamant qu'ils ont vu cela se produire plusieurs fois doivent donc être prises au sérieux, même par les scientifiques qui « savent mieux » et les autres sceptiques. L'effet le plus important et le plus probable dans ce cas est la perte d'eau par évaporation. Des études poussées n'ont cependant pas encore réussi à déterminer pourquoi les Canadiens laissent des seaux d'eau dehors en hiver.

Il reste toutefois encore un peu de sable dans les rouages. Tout d'abord, un récipient d'eau ne gèle pas en bloc de façon uniforme une fois arrivé à 0 °C. Il refroidit de façon irrégulière en fonction de la forme et de l'épaisseur du récipient, de sa matière, des courants d'air et d'autres facteurs variables. La première pellicule de glace qui se forme à la surface de l'eau est donc peut-être un coup de chance, qui n'indique pas nécessairement que le reste de l'eau est gelé. (La glace se forme au départ invariablement à la surface; voyez p. 210).

Ensuite, croyez-le ou pas, on peut refroidir de l'eau bien en dessous de 0 °C sans qu'elle gèle. Elle peut se trouver en état de *surfusion* sans que des cristaux de glace apparaissent en l'absence de stimulation extérieure. Les molécules sont peut-être prêtes à se mettre sur leurs positions rigides dans le cristal mais elles ont besoin d'un dernier encouragement, à savoir par exemple un grain de poussière autour duquel se réunir ou une irrégularité sur la paroi du récipient.

Au vu de ces incertitudes, quand peut-on dire précisément qu'un récipient d'eau a « gelé » ? Nos deux seaux d'eau sont lancés dans une course qui n'a pas de ligne d'arrivée clairement définie.

Tout compte fait, le mieux que l'on puisse dire, c'est : « L'eau chaude *peut* geler plus vite que l'eau froide. Parfois. »

Ne voyez pas par vous-même

Même si vous avez envie de vous ruer dans votre cuisine pour remplir deux bacs à glaçons, l'un d'eau froide et l'autre d'eau chaude, et de les mettre dans votre freezer, ne prenez pas cette peine. Il y a tout simplement trop de variables impossibles à contrôler. Vous pourrez obtenir un résultat un jour et l'inverse le lendemain. C'est le problème avec les gens qui disent : « Je sais que ça marche : j'ai essayé. », en parlant de tout, du gel de l'eau à la guérison des verrues. Il vous faut examiner tout ce qui pourrait influencer le résultat. Et il peut y avoir des dizaines de facteurs insoupçonnés, même pour une expérience apparemment aussi simple que la fabrication de glaçons.

Le Titanic a coulé mais l'iceberg a continué à flotter

☞ **Pourquoi les icebergs et les glaçons flottent-ils ? Les solides ne sont-ils pas généralement plus lourds que les liquides ?**

En général, oui, mais l'eau est une exception. Aussi triviale que cette question puisse paraître, la réponse est une question de vie ou de mort. Si la glace ne flottait pas sur l'eau, nous pourrions même ne pas être là pour nous demander pourquoi.

Voyons ce qui se produirait si la glace coulait dans l'eau liquide. Dans les temps préhistoriques, à chaque fois que la température aurait suffisamment diminué pour que la surface des lacs, des mares et des rivières gèle, la glace aurait immédiatement coulé au fond. Une augmentation de température n'aurait pas forcément pu la faire fondre car la glace aurait été isolée par l'eau au-dessus d'elle. Le gel suivant aurait déposé une autre couche de glace au fond et ainsi de suite.

Sous peu, la plupart de l'eau sur la Terre, excepté une bande autour de l'équateur où il ne gèle jamais, aurait été gelée jusqu'au fond et les saisons chaudes n'auraient peut-être pas duré assez longtemps pour la faire entièrement fondre. Les créatures marines primitives desquelles nous descendons n'auraient peut-être jamais eu la possibilité de se développer.

Le fait que l'eau solide (la glace) flotte à la surface de l'eau liquide nous est tellement familier que nous ne réalisons pas que c'est un phénomène très inhabituel. Quand la plupart des autres liquides gèlent, la forme solide est plus *dense*, plus lourde que le liquide, pour un volume donné. C'est ce à quoi l'on pourrait s'attendre car, dans les solides, les molécules sont rangées de façon plus compacte que lorsqu'elles sont libres dans un liquide, c'est pourquoi les solides sont naturellement plus lourds et coulent. Essayez avec un liquide qui se solidifie à une température relativement accessible : la cire de paraffine.

Voyez par vous-même

Mettez un morceau de cire dans de la cire fondue et regardez-le couler. Vous obtiendrez le même résultat avec les métaux, les huiles, les alcools, etc. Mais faites la même expérience scientifique en plaçant un cube de glace dans un verre d'eau et vous obtiendrez le résultat inverse. Le glaçon flotte.

La raison pour laquelle l'eau se comporte différemment tient à la façon unique dont les molécules d'eau sont liées les unes aux autres dans un morceau de glace. Elles sont reliées par des ponts (des *ponts* ou *liaisons hydrogène*, voyez p. 100).

Regardons ce que fait un pont. Les habitants de La Rochelle pourraient dire que le pont relie l'Île de Ré au continent, alors que les habitants de l'Île de Ré pourraient dire que le pont la *sépare* du continent. Eh bien, en un sens, ils ont tous les deux raisons et c'est littéralement ce que les ponts hydrogène font aux molécules d'eau dans la glace. Ils relient les molécules mais ils les maintiennent également à une certaine distance.

Ainsi, au lieu de se serrer autant que possible comme le font les molécules des autres solides, les molécules d'eau forment une sorte de réseau ouvert. Les molécules sont maintenant plus éloignées dans la glace qu'elles ne l'étaient dans le liquide, si bien que la glace prend plus de place. Un poids donné d'eau occupe environ neuf pour cent d'espace de plus sous forme de glace que sous forme liquide.

Voyez par vous-même

Regardez attentivement la glace dans le freezer de votre réfrigérateur. Vous remarquerez que les glaçons ont des petites pointes. En refroidissant, les glaçons ont dû se dilater mais, étant entourés sur les côtés et en dessous, ils n'ont pu aller que vers le haut.

Si de l'eau qui gèle est confinée et ne peut pas se dilater, elle brise les récipients même les plus résistants en gelant. C'est la raison pour laquelle une conduite d'eau ou le moteur d'une voiture peuvent se fissurer lorsque de l'eau gèle à l'intérieur.

Les ponts dans la glace ne se forment pas tous en même temps au moment du gel. Lorsque l'on commence à refroidir l'eau à partir de la température ambiante, elle devient de plus en plus dense, comme tous les autres liquides, car les molécules ralentissent et n'ont plus besoin d'autant de place. La plupart des autres liquides continuent simplement à devenir de plus en plus denses jusqu'à ce qu'ils gèlent et le solide est plus dense que le liquide. Mais pas notre bonne vieille *aqua*.

La densité de l'eau n'augmente que jusqu'à un certain point. Quand sa température baisse en dessous de 3,98 °Celsius (disons 4), l'évolution de la densité de l'eau s'inverse : elle devient *moins* dense en refroidissant. La raison en est que certains de ces ponts commencent à se former. En effet, à 0 °C, tout le reste des ponts se met en place, l'eau liquide devient de la glace et la densité tombe finalement à sa valeur la plus faible. C'est la raison pour laquelle la glace flotte sur l'eau à n'importe quelle température.

Le fait que la densité de l'eau soit maximale à 4 °C a d'autres conséquences importantes pour les êtres vivants. Quand la température extérieure refroidit la surface d'un lac en dessous de 4 °C, l'eau à la surface devient plus dense et coule. De l'eau prend alors sa place, refroidit et coule à son tour. Cela continue jusqu'à ce que toute l'eau du lac ait été refroidie à la température de densité maximale – à 4 °C – et coulé. Ce n'est qu'à ce moment-là que l'eau en surface peut refroidir des quatre degrés qui la séparent de sa température de solidification.

Au moment où une couche de glace se forme sur un lac, toute l'eau du lac a donc atteint une température de 4 °C. Peu importe la température extérieure, toute l'eau dont la température est inférieure à 4 °C reste sur le dessus (car elle est plus légère) et les poissons en dessous ne peuvent jamais avoir plus froid ni geler. C'est une autre raison pour laquelle les propriétés inhabituelles de l'eau ont permis l'émergence de la vie sur la Terre.

Le coin des scientifiques

Dans la réalité, les fluctuations de température, les vents, les courants et d'autres phénomènes de mélange perturbent ces arguments en faveur de couches bien définies de température de l'eau. Mais, **toutes choses étant égales par ailleurs** (l'excuse universelle), les principes que nous avons vus ci-dessus prévaudront.

Cependant, dans les océans, il en va différemment. Comme elle contient du sel, l'eau de mer n'a pas une densité maximale à 4 °C. Lorsque sa température baisse, elle devient juste de plus en plus dense et coule et ce quelle que soit sa température. Pour que de la glace se forme à la surface de la mer, toute l'eau doit d'abord refroidir jusqu'au point de solidification. Cela ne se produit que lors des hivers longs et rigoureux à proximité des pôles.

Brève de comptoir

Montrez-moi une étendue d'eau douce gelée en surface et je vous dirai la température de l'eau au fond sans thermomètre.

Mise à niveau

☞ **Comment l'eau se met-elle « à niveau » ? C'est-à-dire comment une partie de l'eau sait-elle où le niveau des autres parties se trouve, si distantes soient-elles ?**

Elle n'a pas besoin de pouvoirs psychiques particuliers, juste de la gravité.

« L'eau se met à niveau » est une phrase accrocheuse probablement prononcée par un philosophe grec il y a 2 000 ans et que nous répétons depuis. En langage courant, cela signifie que l'eau se met à plat dès qu'elle le peut.

Si une masse d'eau – d'un seau à un océan en passant par une baignoire – est livrée à elle-même, sa surface prend rapidement une configuration plate, peu importe les vagues qu'il pouvait y avoir au départ. Elle trouve le compromis mathématique exact, moyennant les bosses et les creux aussi précisément qu'une armée de géomètres pourrait le faire. Mais comment exactement une « montagne » sait-elle qu'elle doit tomber et une « vallée », qu'elle doit monter ?

Cela vient du fait que l'eau (comme les autres liquides) est *incompressible*. On ne peut pas forcer un liquide à occuper moins d'espace en poussant dessus comme on le fait pour un gaz. En effet, les molécules des liquides sont déjà aussi proches les unes des autres que possible et aucune pression (dans une limite raisonnable) ne pourra les forcer à se rapprocher davantage.

Ce qui vaut pour les poussées vaut également pour les tractions. Supposons qu'il y ait une « colline » à la surface de l'eau. La gravité tire dessus pour essayer de la faire redescendre mais les molécules ne peuvent pas se contracter; tout ce qu'elles peuvent faire, c'est s'étaler en largeur dans les régions proches d'altitude plus faible. Si bien que la colline a disparu et rempli la vallée d'à côté.

Bien sûr, la gravité tire également la vallée vers le bas mais cette dernière déjà aussi basse que possible. Pour pouvoir s'enfoncer encore plus profondément, elle devrait évacuer l'eau déplacée vers un autre endroit : en haut d'une colline mais cela serait bien sûr contraire à la gravité.

Une colline de terre plutôt que d'eau se comporterait de la même façon si ses molécules pouvaient glisser les unes sur les autres aussi facilement que les molécules d'eau. Une dune de sable représente un cas intermédiaire; ses grains peuvent dans une certaine mesure couler, si bien que, si une dune de sable est trop grande, elle tente de se « mettre à niveau » comme l'eau, bien qu'elle ne réussisse jamais complètement. L'eau ressemble moins à une dune de sable qu'à un tas de billes.

D'accord, vous saviez tout ça mais voici une application tout à fait surprenante des mêmes principes : les niveaux d'eau. Vous en avez vus. Sur le côté d'une bouilloire électrique ou d'un autre récipient opaque, il y a un tube vertical avec une fenêtre transparente, relié à l'eau à l'intérieur. On ne peut pas voir l'eau à l'intérieur de la bouilloire mais on peut connaître son niveau car c'est exactement le même que l'eau dans le tube extérieur. Comment l'eau dans ce tube fait-elle pour savoir à quel niveau l'eau se trouve dans la bouilloire ?

Eh bien, si le niveau de l'eau à l'intérieur de la bouilloire est temporairement plus haut que celui dans le tube, l'eau descend d'elle-même, tout comme la « colline » d'il y a quelques paragraphes. Dans ce cas, l'excès d'eau n'a cependant aucune vallée à remplir : il n'a nulle part où aller à part le tube sur le côté. Résultat ? Le niveau dans le tube remonte et celui dans la bouilloire baisse. L'écoulement s'arrête quand l'eau atteint le même niveau dans les deux. L'inverse est également vrai : si le niveau dans le tube sur le côté est temporairement plus haut que celui dans la bouilloire. Dans les deux cas, les niveaux s'égalisent.

Voyez par vous-même

Avez-vous, dans votre cuisine, une théière qui a la même forme qu'un arrosoir ? C'est un bon modèle pour notre bouilloire à niveau. Remplissez-la d'eau au moins jusqu'à la base du bec et remarquez que, quel que soit le niveau de l'eau dans la théière et quel que soit l'angle que vous lui donnez, l'eau se met exactement au même niveau dans le bec verseur (l'équivalent du niveau de la bouilloire).

Cuisine de haut niveau

☞ **Pourquoi un œuf à la coque cuit-il plus vite à Paris qu'à Mexico ?**

Il serait amusant de pouvoir attribuer cette différence au rythme effréné de Paris ou au contraire tranquille de Mexico. Ce n'est malheureusement pas possible. La différence n'a même rien à voir avec les œufs. Elle vient de l'eau mais ce n'est pas ce que vous pensez.

Quand elle bout, l'eau de Paris est un peu plus chaude que celle de Mexico. Et de l'eau un peu plus chaude cuit un œuf un peu plus vite.

En réfléchissant un peu, on s'aperçoit que la plus grande différence entre Paris et Mexico, à part la difficulté relative à trouver de la blanquette de veau, c'est l'altitude. Les casseroles de Mexico sont en moyenne plus élevées de 2 200 mètres que celles de Paris. Or plus l'altitude est élevée et plus la température à laquelle l'eau bout est faible.

Plus basse de combien ? Si l'eau pure bout à 100 °Celsius à Paris (et ce n'est pas sûr, voyez p. 219), elle bout dès 93 °C à Mexico. La différence n'est pas énorme mais un œuf à la coque a besoin de plus de trois minutes pour cuire dans la capitale mexicaine.

L'explication est simple une fois que l'on a compris ce qu'est l'ébullition : des molécules d'eau qui se libèrent de leurs frères et sœurs dans la casserole une fois qu'elles ont assez d'énergie, qui se réunissent ensuite sous forme de bulles et remontent à la surface avant de finalement décoller dans les airs (voyez p. 48).

Pour pouvoir s'échapper, les molécules d'eau doivent avoir suffisamment d'énergie – c'est-à-dire que leur température doit être suffisamment élevée – pour surmonter deux forces différentes : (a) elles doivent surmonter la force qui les maintient ensemble sous forme de liquide et (b) elles doivent surmonter la pression de l'atmosphère sur la surface de l'eau. Cette pression est due au bombardement incessant des molécules d'air sur la surface de l'eau, une sorte de barrage de grêlons qui ricochent.

L'eau transmet la force globale due à ces collisions à toutes les molécules du liquide. Les molécules à la surface peuvent simplement décoller dans les énormes espaces entre les molécules d'air mais celles à l'intérieur de l'eau doivent vaincre cette pression pour sortir.

L'adhérence des molécules d'eau liquide entre elles est bien sûr la même, qu'elles soient dans une margarita à Mexico ou dans un café-crème à Montmartre. Il en va différemment pour la pression atmosphérique. À Mexico, la densité de l'air ne vaut que 76 pour cent de celle au niveau de la mer. Cela signifie que moins de molécules frappent la surface de l'eau à chaque seconde. Les molécules d'eau peuvent donc jouer des coudes pour remonter et bouillir sans avoir autant d'énergie, c'est-à-dire sans être tout à fait aussi chaudes.

Un extrême : le point le plus élevé de notre planète se trouve en haut du Mont Everest, à 8 848 mètres au-dessus du niveau de la mer. À cette altitude, la pression atmosphérique ne vaut que 31 pour cent de celle au niveau de la mer, si bien que la température d'ébullition de l'eau ne vaut que 70 °C. Ce n'est pas assez chaud pour cuire beaucoup de choses, même si vous êtes affamé(e) après votre ascension.

Vous ne l'avez pas demandé, mais…

☞ Cela signifie-t-il que l'on pourrait faire bouillir de l'eau à plus de 100 °C si l'on augmentait artificiellement la pression qui lui est appliquée ?

Absolument. C'est précisément le principe d'une cocotte-minute. Mettons un couvercle bien étanche avec seulement un petit trou pour que la vapeur puisse s'échapper. Plaçons ensuite un poids sur ce trou pour maintenir une certaine pression de vapeur d'eau prédéfinie. On peut aussi utiliser une sorte de détendeur pour imposer une pression donnée. La pression de l'« atmosphère » à l'intérieur de la cocotte est ainsi maintenue à une valeur supérieure à la pression ambiante.

À une pression normale pour une cocotte-minute (1,7 kilogramme par centimètre carré, environ 1,7 atmosphère, soit 0,7 atmosphère de plus que la pression au niveau de la mer), la température d'ébullition – et donc la température de la vapeur à l'intérieur – est de 115 °C. C'est suffisamment chaud pour raccourcir la cuisson de plats qui mijotent pendant longtemps, les pommes de terre par exemple. De plus, la cocotte est remplie de vapeur, qui est un meilleur conducteur de la chaleur que l'air (voyez p. 28). Ainsi, la chaleur dans la cocotte se transmet plus efficacement aux aliments que si la cocotte contenait de l'air. Cela explique également l'accélération de la cuisson.

Théière en pleine tempête

☞ **Si la température d'ébullition de l'eau dépend de l'altitude en raison de la variation de la pression atmosphérique, ne dépend-elle pas également de la météo ? Selon les prévisions météorologiques, la pression atmosphérique varie en permanence, même en un point donné.**

Vous avez raison. Mais la météo n'a qu'un modeste effet sur la température d'ébullition de l'eau.

Dire que l'eau bout à 100 °Celsius au niveau de la mer manque un peu de précision. La définition standard de la température de l'ébullition de l'eau pure ne dit rien sur le niveau de la mer. Elle est définie en termes de pression atmosphérique : 760 millimètres de mercure (voyez p. 159), qui est une valeur classique – mais pas garantie – de la pression au niveau de la mer. Tous les fans de la météo télévisée savent que la pression varie avec le temps, que l'on vive au bord de la mer ou ailleurs. La température d'ébullition dépend donc effectivement des conditions météorologiques du moment.

Les scientifiques ont choisi de façon tout à fait arbitraire la pression « normale » de 760 mm de mercure qui définit une pression d'une *atmosphère*, qui vaut, en unités officielles, 1 013,25 hectopascals (ou hPa, centaines de pascals), une unité plus couramment employée par les présentateurs météo que les millimètres de mercure. La température d'ébullition de l'eau à cette pression normale est appelée température *normale* d'ébullition ou point normal d'ébullition. C'est elle qui vaut 100 °Celsius.

Bien que savoir cela puisse impressionner vos amis, l'effet de la pression atmosphérique sur la température d'ébullition de l'eau n'est pas suffisamment important pour que l'on s'en préoccupe. Même si vous faisiez bouillir de l'eau pour le thé dans l'œil d'un cyclone, au cœur duquel la pression est descendue à un niveau très bas de 710 mm de mercure (environ 950 hPa, le record étant de 658 mm, soit 870 hPa), la température d'ébullition de l'eau ne descendrait qu'à 98 °C. Il réconfortant de savoir que votre thé serait encore assez chaud.

Patins à eau

☞ **Le record humain de vitesse de course est d'environ 37 km/h. Pour le patinage, le record est supérieur à 50 km/h. De toute évidence, glisser sur de la glace augmente la vitesse. Pourquoi glisse-t-on si bien sur la glace ? Qu'est-ce qui la rend si glissante ?**

En fait, la glace solide en elle-même n'est pas glissante. C'est sur un film fin d'eau liquide sur sa surface que les patineurs glissent.

Les solides ne sont en général pas glissants car les molécules de leur surface sont fermement liées les unes aux autres et ne peuvent pas rouler comme des billes. Les molécules des liquides, en revanche, sont libres de se déplacer, si bien que les liquides sont en général plus glissants que les solides (voyez p. 102). Un peu d'eau sur un sol en carrelage peut se transformer en un accident de rêve pour un avocat américain.

Ce sur quoi les scientifiques ne parviennent pas à se mettre d'accord, c'est l'origine exacte du film liquide à la surface de la glace. De toute évidence, il doit provenir d'une légère fonte de la surface mais qu'est-ce qui fait fondre la glace ?

Depuis plus de cent ans que l'on essaie d'expliquer ce phénomène simple de la vie quotidienne, deux explications s'opposent – une fonte due à la pression et une fonte due aux frottements.

Les partisans de la pression affirment que c'est la pression de la lame du patin sur la glace (ou du ski sur la neige) qui est à l'origine de la fonte. Il ne fait aucun doute que la glace fond si on lui applique une pression car la glace solide prend plus de place que l'eau liquide (voyez p. 210). Si vous appuyez suffisamment fort sur un morceau de glace, vous pouvez le forcer à prendre sa forme de moindre volume : l'eau liquide. Le poids d'un(e) patineur/se, concentré sur la petite surface de la lame du patin, peut appliquer une pression de plusieurs dizaines de kilogrammes par centimètre carré. Cependant, le problème est que même une telle pression ne suffit pas à faire rapidement fondre la glace, en particulier si cette dernière est très froide, car c'est là que les molécules sont fixées le plus rigidement sur leurs positions.

Mais attendez une minute. Frotter deux solides l'un contre l'autre, même une lame de patin et de la glace, génère forcément des frottements, qui génèrent de la chaleur. Selon les partisans des frottements, cette chaleur suffit à faire fondre une bande continue de glace en eau lorsque le patin ou le ski glisse sur la glace ou la neige.

Les meilleures études actuelles semblent favoriser la fonte due aux frottements, assistée par une fonte due à la pression à des températures pas trop éloignées de zéro.

Voyez par vous-même

Prenez un glaçon dans votre réfrigérateur à l'aide d'un torchon pour éviter de le faire fondre, ou sortez tout le bac. Passez doucement votre doigt la surface. Ne frottez pas trop fort. Vous verrez que la glace n'est pas du tout glissante jusqu'à ce que votre chaleur corporelle et la chaleur due aux frottements aient pu réchauffer la surface et la faire légèrement fondre.

Brève de comptoir

La glace n'est pas glissante.

(Mais ne faites pas ce test dans un bar. La glace du barman n'est probablement pas assez froide et donc glissante dès le début.)

Le feu au lac

☞ **Cela doit être un souvenir ancestral datant de l'époque des cavernes, car nous semblons toutes et tous savoir de façon intuitive que l'eau peut éteindre le feu. C'est une chose que nous ne remettons jamais en question. Eh bien, pourquoi l'eau éteint-elle le feu ?**

Avant d'aller plus loin, notez bien qu'il ne faut jamais utiliser d'eau sur les feux électriques ou les feux gras (essence, huile…). Explications : l'eau conduit l'électricité et peut la transporter ailleurs, peut-être même jusqu'à vos pieds. Et, comme l'eau ne se mélange pas avec les carburants et les graisses (voyez p. 100), elle ne fait que les étaler et répand ainsi le feu.

Un feu a besoin de trois choses pour survivre : du carburant, de l'oxygène (le *comburant*) et – au moins au début – une température suffisante pour que le carburant s'enflamme et fasse ainsi démarrer la réaction. Ensuite, la réaction libère plus d'énergie qu'il n'en faut pour entretenir le processus.

De toute évidence, la première chose à faire serait de retirer le carburant. Rien à brûler, pas de feu. Mais l'eau ne peut pas faire ça : et elle s'attaque donc aux deux autres : l'oxygène et la température.

Un déluge d'eau provenant d'un seau ou d'un tuyau d'arrosage peut étouffer le feu à la manière d'une couverture, simplement en bloquant l'air. Une fine couche d'eau, même pendant une courte durée, peut faire l'affaire. Pas d'air, pas d'oxygène; pas d'oxygène, pas de feu.

L'eau peut également abaisser la température d'un matériau qui brûle. Tout matériau combustible doit atteindre une température minimale avant de prendre feu et de brûler. Si l'eau refroidit le matériau en dessous de cette température, *voilà*[1] ! plus de feu. Même l'eau chaude est bien en dessous de la température à laquelle les objets brûlent.

Il n'est pas nécessaire d'avoir d'énormes quantités d'eau. L'eau des systèmes d'arrosage de plafond peut éteindre un feu, même si elle laisse beaucoup d'oxygène disponible entre les gouttes d'eau. C'est donc qu'elle agit en abaissant la température. Vous souvenez-vous combien il est rafraîchissant de courir au milieu du jet d'un arrosoir automatique ?

L'arrosage diminue la température de deux façons. Tout d'abord, l'eau en fines gouttes a tendance à s'évaporer rapidement et l'évaporation refroidit (voyez p. 186). Ensuite, une des propriétés de l'eau fait qu'elle éteint beaucoup mieux le feu que les autres liquides : elle est très vorace en chaleur. Un litre d'eau absorbe 1 000 calories (environ 4 200 joules) de chaleur avant que sa température n'augmente d'un degré Celsius.

Est-ce beaucoup ? Eh bien comparons cette valeur aux quantités de chaleur nécessaires pour augmenter d'un degré Celsius la température d'un kilogramme d'autres matériaux : le mercure n'a besoin que de 33 calories; le benzène, de 250 calories; le granite, de 190 calories; le bois, de 420 calories et l'huile d'olive, de 470 calories.

La morale, c'est qu'un peu d'eau peut prendre beaucoup de chaleur au feu avant de bouillir et de s'en aller sous forme de vapeur. L'eau est donc un agent réfrigérant très efficace. C'est pour cela qu'elle est utilisée dans le circuit de refroidissement des voitures. Bien sûr, le fait qu'elle ne soit pas chère ne fait pas de mal.

1. En français dans le texte. (NDT)

Vous ne l'avez pas demandé, mais…

☞ Pourquoi les objets mouillés ne brûlent-ils pas ?

Comme nous le disions, l'eau est la championne des absorbeurs de chaleur mais ne chauffe pas beaucoup dans ce processus. Quand vous placez une flamme sur un objet mouillé, l'eau aspire la chaleur comme une éponge, empêchant l'objet lui-même de chauffer suffisamment pour s'enflammer.

Voyez par vous-même

Cela va vous étonner. Mettez un peu d'eau dans un gobelet en papier (pas en plastique) et trouvez un moyen de le suspendre au-dessus d'une flamme. (Vous pouvez peut-être le poser sur une grille posée sur deux boîtes de café.) Placez une bougie allumée sous le fond de la tasse. La tasse ne brûlera pas mais, au bout d'un moment, l'eau commencera à bouillir, ayant absorbé la chaleur fournie au papier. Même quand l'eau bout, sa température ne dépasse jamais 100 °Celsius (voyez p. 48), ce qui est loin d'être suffisant pour enflammer le papier. La chaleur de la bougie sert à faire bouillir l'eau et non à chauffer le papier.

Pourquoi les bars sont-ils si bruyants ?

☞ Pourquoi les glaçons craquent-ils, grésillent-ils, et éclatent-ils quand je les mets dans mon verre ?

Si vous écoutez avec une oreille de linguiste, vous découvrirez que la glace n'éclate pas, ce qui impliquerait un certain vide; mais elle craque et grésille.

Tout d'abord, le craquement. Quand vous plongez un glaçon dans un liquide plus chaud, l'eau chauffe les parties extérieures du glaçon, si bien qu'elles se dilatent légèrement. Cela crée une contrainte sur le cristal de glace car la glace a une structure très rigide et elle ne peut pas se dilater ici ou là au hasard. La seule façon dont le glaçon peut s'accomoder à ces contraintes, c'est de craquer.

Ensuite, le grésillement, qui sonne comme une série rapide de petites explosions. Et c'est exactement de cela qu'il s'agit. À moins que vous ayez fait vos glaçons à partir d'eau bouillie (voyez plus bas), il y avait de l'air dissous dans l'eau de vos glaçons. Quand l'eau a gelé, il n'y avait plus de place pour cet air dans la structure rigide et solide de la glace, si bien que l'air a dû se regrouper sous forme de petites bulles isolées.

Mettez maintenant ce glaçon plein de bulles d'air dans un liquide. L'eau travaille à faire fondre la surface du glaçon, faisant son chemin de plus en plus profondément. En chemin, elle rencontre une bulle d'air. Quand cette bulle s'est formée, elle contenait de l'air à la température de votre freezer mais l'eau qui avance la réchauffe maintenant. Elle ne peut cependant pas se dilater avant que les parois de sa prison ne soient devenues assez fines pour qu'elle puisse les rompre. Quand cela se produit, crack ! L'air emprisonné sort violemment. Lorsque des milliers de petites bulles éclatent en même temps sur toute la surface du glaçon, cela crée un grésillement.

Les habitants des sous-marins rôdant dans les mers arctiques peuvent clairement entendre le grésillement des icebergs et des glaciers qui dérivent en direction des eaux plus chaudes du sud.

Voyez par vous-même

Faites bouillir de l'eau pendant quelques minutes pour en faire sortir la plupart de l'air dissous. Laissez-la refroidir, versez-la dans un bac à glaçons et faites-la geler. Vous verrez qu'il n'y aura pas beaucoup de bulles dans vos glaçons. (Comparez-les avec des glaçons « ordinaires » à la lumière.) Quand vous mettrez les glaçons d'eau bouillie dans un verre, ils craqueront peut-être mais ils ne grésilleront pas beaucoup. Vous pourrez paisiblement profiter de votre boisson.

... C'est comme ça

Nous avons examiné de près plus d'une centaine d'événements de la vie de tous les jours et nous avons vu quelles en sont les causes. Mais est-ce de la science ? S'interroger sur des événements isolés et trouver une explication particulière avant de passer à la question suivante suffit-il ? Pas du tout.

Certains principes généraux sous-tendent et relient beaucoup de situations dont nous avons discuté. Les nombreux renvois de page montrent combien toutes ces questions sont liées. Il aurait été plus logique et plus efficace de commencer par expliquer les principes généraux puis de montrer comment ils s'appliquent à divers aspects de notre vie quotidienne. Mais ce n'aurait pas été un livre de questions-réponses, ça aurait été un livre de cours. Et ce n'était pas le but poursuivi.

Ces principes existent néanmoins; les scientifiques les appellent *théories*. Quand une théorie a été testée et validée, elle peut acquérir le noble statut de *loi de la Nature*. Une loi de la Nature est simplement une façon élégante de dire : « Voici comment le monde fonctionne. Nous ne savons peut-être pas *pourquoi* mais c'est comme ça, que ça nous plaise ou non. »

Vous avez entendu parler de la loi de la gravitation universelle d'Isaac Newton et peut-être de ses lois du mouvement. Mais vous n'avez peut-être pas entendu parler des trois principes de la thermodynamique, les lois puissantes qui gouvernent les variations d'énergie. Et rien ne se produit – *rien* – sans qu'il y ait variation d'énergie.

La science a proposé de nombreuses autres descriptions générales du fonctionnement du monde. Le dernier chapitre de ce livre fait appel à ces principes généraux pour répondre à quelques questions fondamentales sur l'énergie, la gravité, la masse, le magnétisme et le rayonnement, qui nous permet de voir dans le noir et à travers le plomb. En chemin, nous ferons un peu de publicité pour le Système international d'unités (qui n'est pas utilisé partout dans le monde).

Cette partie – et ce livre – se termine par une question qui peut paraître naïve, mais qui est en fait la plus fondamentale de toutes : « Qu'est-ce qui fait que quelque chose se produit ou pas ? » Le deuxième principe de la thermodynamique nous donnera la réponse.

Plus de chaleur que de lumière

☞ **Je ne comprends pas le rayonnement infrarouge. Comment peut-on l'utiliser pour voir dans le noir ? Certaines personnes l'appellent « lumière » et d'autres, « chaleur ». Qu'est-ce que c'est ?**

À proprement parler, ni l'une ni l'autre. Ce n'est pas de la lumière car nous ne pouvons pas le voir et ce n'est pas de la chaleur car il ne contient aucune substance capable d'être chaude. Personnellement, je l'appelle « chaleur en transit ». Voyons pourquoi.

Le rayonnement infrarouge n'est rien de plus qu'une certaine partie de la large gamme d'*ondes électromagnétiques* que le Soleil nous envoie. Les ondes électromagnétiques sont des ondes d'énergie voyageant dans l'espace à la vitesse de la lumière. Comme elles sont constituées d'énergie pure, on les différencie des soi-disant rayonnements qui sont en fait des faisceaux de particules minuscules, comme certains rayonnements émis par des matériaux radioactifs.

Les ondes électromagnétiques ne se différencient que par leur énergie. Les ondes de plus faible énergie sont les ondes radios et celles de plus haute énergie sont appelées rayons gamma. Entre les deux, on trouve (par ordre d'énergie croissante) les micro-ondes, le rayonnement infrarouge, la lumière visible, les rayons ultraviolets et les rayons X. Les rayons gamma proviennent surtout des matériaux radioactifs. Les ondes radio, les micro-ondes et les rayons X, nous devons les produire nous-mêmes. Notre bon vieux Soleil nous fournit en abondance le reste de ce *spectre* – cette gamme d'énergies des ondes électromagnétiques.

Pour observer les ondes électromagnétiques, il faut disposer du bon instrument, adapté à l'énergie exacte du rayonnement que l'on veut détecter. Pour une toute petite partie très précise du spectre du Soleil, nous avons un merveilleux instrument, l'œil. Vous ne serez pas surpris d'apprendre que la partie du spectre à laquelle cet instrument est sensible est appelée lumière visible. Il faut une antenne pour collecter les ondes radio et les micro-ondes, et des circuits électroniques pour les convertir en signaux visibles ou audibles. Pour les rayons X et les rayons gamma, nous avons besoin d'instruments comme les compteurs de Geiger-Müller et d'autres instruments complexes utilisés par les chercheurs en physique nucléaire.

Le rayonnement infrarouge (*infrarouge* signifie « en dessous du rouge » en termes d'énergie) est juste en dehors de la gamme d'énergie que l'œil humain peut détecter. C'est la raison pour laquelle on ne peut pas l'appeler lumière. Nous devons détecter le rayonnement infrarouge par ses effets sur les objets. Son premier effet, c'est de chauffer les objets qu'il rencontre.

Les ondes de différente énergie ont des effets différents lorsqu'elles interagissent avec la matière, c'est-à-dire quand elles frappent la surface d'une substance. En général, il y a trois possibilités : l'onde peut rebondir, être absorbée ou traverser.

La lumière visible rebondit sur la plupart des surfaces, alors que les rayons X traversent en général la matière. Mais le rayonnement infrarouge est absorbé par de nombreuses substances car il possède juste la bonne quantité d'énergie. Quand une molécule absorbe de l'énergie, elle devient, bien sûr, plus énergétique. Elle s'agite, tourne, bat ses atomes et fait des cabrioles. Et une molécule plus énergétique est une molécule plus chaude (voyez p. 247).

Ainsi, quand le rayonnement infrarouge illumine un objet, il le chauffe. Le rayonnement lui-même n'est pas de la « chaleur » jusqu'à ce qu'il rencontre une certaine substance et soit absorbé. C'est la raison pour laquelle je l'appelle « chaleur en transit ».

Vous avez le plus de chances de voir le rayonnement infrarouge dans deux de ses applications : les lampes à chauffer et la photographie infrarouge.

Les lampes à chauffer sont utilisées dans les restaurants et servent à maintenir la température des plats entre le moment où ils sont préparés en cuisine et celui où le serveur revient de ce qui ressemble fort à des grandes vacances. Les lampes sont conçues pour émettre la plupart de leur « lumière » dans la partie infrarouge du spectre, bien qu'une partie déborde sur le domaine de la lumière visible rouge.

La photographie infrarouge – la photographie « dans le noir », c'est-à-dire sans lumière visible – est basée sur le fait que, lorsque les objets chauds perdent leur chaleur, ils en perdent une partie sous forme de rayonnement infrarouge (voyez p. 23). Ce rayonnement peut être détecté par des films photographiques spéciaux ou des écrans phosphorescents. Les objets chauds deviennent donc visibles.

Les êtres humains sont des objets chauds et émettent des infrarouges, et sont souvent la cible de ces fouineurs de l'obscurité qui fonctionnent sur ce principe.

Ne jetez pas cette blouse en plomb, Loïs

☞ Pourquoi Superman ne peut-il pas voir à travers le plomb avec ses yeux à rayons X ?

Il pourrait s'il essayait vraiment. C'est juste que ses inventeurs, Jerry Siegel et Joe Shuster, lui ont dit qu'il pouvait voir à travers tout sauf à travers le plomb; et, comme tout bon personnage de dessin animé, il a sagement obéi à ses créateurs.

Apparemment, Siegel et Shuster semblaient penser que les rayons X ne peuvent pas traverser le plomb. Sinon (pour suivre ce raisonnement), pourquoi les techniciens des centres de radiographie se cachent-ils derrière une paroi en plomb quand ils vous radiographient ? Pourquoi certains dentistes vous enveloppent-ils dans un tablier en plomb quand ils radiographient vos dents ?

Le plomb est effectivement utilisé comme bouclier contre les radiations dans le monde de la recherche et de la technologie nucléaire. En vérité, le plomb n'a rien de spécial. Il fait juste son travail pour moins cher que les autres matériaux.

Les rayons X ne sont qu'un type de rayonnement électromagnétique, de l'énergie pure se déplaçant à la vitesse de la lumière. Parmi les autres types d'ondes électromagnétiques que l'on rencontre en dehors des cabinets médicaux, citons la lumière elle-même, les micro-ondes qui cuisent vos aliments et les ondes radios qui transportent les programmes de radio et de télévision.

Toutes ces ondes d'énergie vibrent de haut en bas et sur les côtés lorsqu'elles se déplacent. En fait, ces vibrations *sont* leur énergie : une plus grande fréquence de vibration – plus de vibrations par seconde – signifie une plus grande énergie du rayonnement.

Voici l'ordre d'arrivée par énergie croissante : les ondes radio AM (modulation d'amplitude), les ondes radio à ondes courtes, les ondes de télévision et radio FM (modulation de fréquence), les ondes radar, les micro-ondes, la lumière (à la fois visible et invisible aux humains), les rayons X et les rayons gamma, qui sont émis par les matériaux radioactifs.

Ils sont tellement énergétiques que l'on pourrait s'attendre (comme si vous ne le saviez pas) à ce que ces rayons X soient très pénétrants. Ils traversent les tissus du corps humain comme une balle traverse de la gelée. Les os les bloquent juste assez pour faire apparaître des ombres permettant de faire des diagnostics sur une feuille de film photographique. Mais la mauvaise nouvelle, c'est que les rayons X, comme les rayons gamma, sont des rayonnements *ionisants*. C'est-à-dire que, lorsqu'ils traversent les atomes de chair, d'os ou de quoi que ce soit d'autre, ils éjectent des électrons, laissant derrière eux des ions – des atomes à qui il manque certains de leurs électrons.

Et, sans entrer dans le détail, disons que des atomes qui se promènent sans leur chargement complet d'électrons sont – pour mélanger des métaphores – des chiens dans le jeu de quilles chimique de la vie. Ils peuvent perturber la chimie de notre corps de façon étrange et dommageable. C'est la raison pour laquelle nous voulons nous protéger des rayons X et des rayonnements ionisants, comme ceux issus de la radioactivité.

Que faut-il donc utiliser pour arrêter les rayons X ? Tout ce qui contient beaucoup d'atomes avec beaucoup d'électrons à éjecter car, à chaque fois qu'un faisceau de rayons X déloge un électron d'un atome, il perd une partie de son énergie. Ainsi, plus on peut mettre d'atomes riches en électrons sur leur chemin et plus les rayons perdront leur énergie et s'arrêteront. Les meilleurs boucliers contre les rayons X sont donc les substances qui ont le plus grand nombre d'électrons par atome et les atomes les plus densément rangés – c'est-à-dire le plus grand nombre d'atomes par centimètre cube.

L'uranium serait tout simplement parfait. Ses atomes ont quatre-vingt-douze électrons et il est dix-neuf fois plus dense que l'eau. L'or serait également formidable : soixante-dix-neuf électrons par atome et légèrement plus dense que l'uranium. Et puis il y a le platine : soixante-dix-huit électrons par atome et vingt-et-une fois plus dense que l'eau. Mais hélas, ces substances sont toutes trop onéreuses. Et qui veut se protéger des rayons X en se réfugiant derrière un mur d'uranium, de toute façon ?

Tout revient à la question suivante : combien d'électrons par centimètre cube peut-on acheter avec un euro ? Le plomb répond à ce critère mieux que tous les autres matériaux. Il possède quatre-vingt-deux électrons par atome et est 11,35 fois plus dense que l'eau ; son prix est de l'ordre d'un euro le kilogramme.

(Au cas où vous vous posez la question, il y a $2{,}5 \times 10^{24}$ électrons par centimètre cube de plomb. C'est-à-dire 25 suivi de vingt-trois zéros.)

Toutefois, une partie des rayons X réussira toujours à traverser une feuille de plomb ou de quoi que ce soit d'autre, quelle que soit son épaisseur. C'est juste que plus la feuille sera épaisse et moins de rayons X parviendront à passer au travers. En théorie, on ne peut jamais complètement arrêter un faisceau de rayon X, quelle que soit l'épaisseur de *quelque matériau que ce soit*. On ne peut qu'atténuer le faisceau pour le rendre relativement inoffensif.

Bien sûr, on peut utiliser d'autres matériaux meilleur marché, même s'ils arrêtent moins bien les rayons X que le plomb : vous aurez juste besoin d'en mettre plus. Un mur de béton épais, par exemple, aura la même action qu'une fine feuille de plomb, bien que le béton soit très loin d'absorber autant les rayons X, à épaisseur comparable, que le plomb. Si vous avez beaucoup de place pour le blindage, vous pouvez même utiliser le matériau le moins cher de tous : l'eau. Elle ne possède que dix électrons par molécule mais, si vous en mettez suffisamment entre vous et la source de rayons X, vous êtes en sécurité.

Siegel et Shuster savaient peut-être tout cela mais cela aurait sans doute gâché leur célèbre réplique. Loïs Lane peut donc continuer à croire que les vêtements en plomb bloquent la vision à rayons X.

Jusqu'à ce que le doux Clark Kent comprenne.

Froid comme un... rutabaga

☞ **Pourquoi les concombres sont-ils « froids comme des concombres[1] » ? J'ai lu dans un livre et un magazine de cuisine qu'un concombre est toujours à au moins dix degrés de moins que son environnement. Comment cela se fait-il ?**

Dix degrés, hein ? Regardons ça de plus près.

Si les concombres sont de dix degrés plus froids que leur environnement, mettons un concombre dans un saladier avec plein d'autres concombres et voyons ce qui se produit. Vont-ils se battre, chacun essayant d'être de dix degrés plus froid que ses voisins ? Avez-vous déjà vu un groupe de concombres geler et se transformer subitement en solide sans raison apparente ?

Ou bien, que dites-vous de ça : si les concombres sont toujours à dix degrés de moins que leur environnement, construisons une grande boîte en concombre pour garder nos bouteilles de vin chambrées. Et pourquoi s'arrêter là ? Construisons une plus petite boîte en concombre et mettons-la dans la première : en faisant ainsi baisser la température de dix degrés supplémentaires, nous avons des bières à bonne température. Et nous n'aurons pas besoin de glace, merci, car, avec une boîte supplémentaire, nous pourrons descen-

1. Traduction littérale de l'expression anglo-saxonne «cool as a cucumber». (NDT)

dre sous le point de congélation de l'eau et en faire nous-même. Avec suffisamment de boîtes, nous pourrions construire un réfrigérateur qui pourrait faire geler l'Enfer lui-même. Et tout ça sans même avoir à le brancher.

Nous venons d'enfreindre la plus fondamentale des lois de la physique : le premier principe de la thermodynamique, plus familièrement connu sous le nom de loi de conservation de l'énergie. Car nous avons ici une substance – de la chair de concombre – qui doit en permanence envoyer de sa chaleur vers l'extérieur. C'est la seule façon dont un objet pourrait rester froid : en rejetant constamment toute la chaleur qu'elle pourrait recevoir des objets environnants. Comme la chaleur est de l'énergie, la chair de concombre serait donc une source inépuisable d'énergie. Gratuite. Pas besoin de brûler du charbon ou du pétrole ni de s'occuper des problèmes de l'énergie nucléaire. On pourrait utiliser cette énergie pour produire de l'électricité, alimenter des voitures propres, irriguer les déserts pour faire pousser encore plus de concombres ! Et puis on pourrait...

La seule chose qu'on ne peut pas faire, c'est empêcher les gens d'écrire des choses stupides dans les livres. Et, bien sûr, la différence totalement artificielle de dix degrés n'a aucune valeur. Des concombres automatiquement froids – ou des objets automatiquement froids –, ça n'existe tout simplement pas. Rien ne peut maintenir de façon permanente même une petite différence de température – être plus froid ou plus chaud – par rapport à son environnement, à moins de recevoir de l'énergie de l'extérieur ou d'en céder. C'est la raison pour laquelle nous devons brancher nos appareils électriques : nous utilisons l'énergie électrique produite par les centrales pour prélever de l'énergie dans nos réfrigérateurs et en fournir à nos fours.

Vous dites que vous avez pris un concombre qui n'était pas dans le réfrigérateur, que vous l'avez placé sur votre front et que vous avez vraiment eu une sensation de fraîcheur. Tout à fait. Mais c'est parce que le concombre est plus froid que votre peau à 37°, pas parce qu'il est plus froid que votre pièce à 20°.

Voyez par vous-même

Laissez un concombre et une pomme de terre sur une table pendant plusieurs heures (où vous voulez, mais surtout pas au réfrigérateur). Coupez-les et placez les surfaces sur votre front. Ils vous paraîtront tous les deux froids. Vérifiez qu'ils sont à la même température en y plantant un thermomètre à viande.

Excepté les variations dues, par exemple, aux courants d'air ou aux rayons du Soleil, tous les objets dans la pièce sont à la même température. À moins que vous ayez réglé le thermostat à 37 degrés, tous les objets vous sembleront froids au toucher.

Quand deux objets quelconques sont en contact, la chaleur passe spontanément du plus chaud au plus froid. Ainsi, quand le concombre – ou tout autre objet à température ambiante – prend une partie de votre chaleur durement gagnée à votre front, cette perte vous donne une sensation de froid.

Scientifiquement parlant, bien sûr, il n'y a pas de « froid », il n'y a que des degrés de chaleur. Les mots « frais » et « froid » ne sont que des conventions linguistiques. Tout comme l'expression « froid comme un concombre ». C'est beaucoup plus amusant à dire que « froid comme un rutabaga ».

Brève de comptoir

Un concombre n'est absolument pas plus froid qu'une pomme de terre.

Que faisait vraiment Einstein ?

☞ **Je sais que l'équation d'Einstein « $E = mc^2$ » est extrêmement importante et qu'elle a quelque chose à voir avec la bombe atomique. Mais qu'est-ce qu'elle signifie concrètement dans notre vie de tous les jours ?**

Honnêtement, pas grand-chose. Mais ça ne veut pas dire qu'il ne s'agit pas de l'une des découvertes les plus capitales jamais faites par l'esprit humain. Bien qu'elle concerne des phénomènes qui se passent sous notre nez tous les jours, ils se produisent à une échelle beaucoup trop petite pour qu'on les remarque, sauf quand la bombe dont vous parlez – qui est certainement un des moyens les plus efficaces d'attirer l'attention – explose.

La plus célèbre des équations fut couchée sur le papier par Einstein en 1905; elle représente une petite partie de ses théories sur la relativité. Einstein découvrit, entre autres, qu'il existe une relation intime entre l'énergie et la masse. (L'énergie est la capacité à faire se produire des événements et la masse est essentiellement le poids d'un objet matériel.)

Intuitivement, nous aimerions croire que l'énergie est de l'énergie et que les objets sont des objets, point. Mais Einstein a découvert que l'énergie et la masse sont deux aspects interchangeables du même truc universel que, en l'absence de meilleur terme, on peut appeler *masse-énergie*. La petite équation étonnamment simple d'Einstein est la formule qui permet de déterminer à combien d'énergie équivaut telle masse et *vice versa*.

(Pour ceux qui n'ont pas peur des mathématiques : si m désigne une quantité de masse et E, la quantité équivalente d'énergie, l'équation dit que l'on peut déterminer cette quantité d'énergie en multipliant m par le nombre c^2. Ce nombre est incroyablement grand – c'est le carré de la vitesse de la lumière – si bien qu'une masse infime nous donne une énergie énorme.)

La raison pour laquelle l'équation d'Einstein ne nous est pas très utile dans la vie de tous les jours (à part une exception majeure dont nous reparlerons), c'est que toutes nos activités courantes et quotidiennes de production d'énergie, comme la métabolisation des aliments et la combustion du charbon ou du pétrole, sont des processus purement *chimiques;* or, dans les processus chimiques, les masses dont provient l'énergie sont absolument minuscules.

Minuscules comment ? Eh bien, si l'on fait exploser un kilogramme de TNT (et nous serons tous d'accord que ce processus chimique libère une grande quantité d'énergie), toute l'énergie provient de la conversion de seulement un milliardième de gramme de masse. Si l'on pouvait peser le TNT avant l'explosion puis regrouper toute la fumée et les gaz après l'explosion et les peser, nous verrions qu'ils pèsent un milliardième de gramme de moins.

C'est loin, très loin d'être flagrant. On peut à peine mesurer une différence aussi infime en poids avec les échelles les plus sensibles au monde. Bien que l'équation d'Einstein s'applique sans exception à tous les processus qui impliquent de l'énergie – et ne laissez personne vous dire le contraire –, elle n'a absolument aucune implication dans notre vie quotidienne.

C'est valable pour toutes les réactions *chimiques*. En revanche, les réactions *nucléaires* comme les réactions de fusion qui se produisent dans le Soleil et les réactions de fission qui se produisent dans les bombes A sont différentes. Comme presque toute la masse du monde est concentrée dans les noyaux incroyablement massifs des atomes, les réactions nucléaires peuvent libérer des quantités d'énergie beaucoup plus importantes, atome pour atome, que les réactions chimiques. Des milliards de fois plus importantes (voyez page suivante).

Cependant, ce qui fait vraiment d'une bombe atomique la championne des sources d'énergie est un phénomène appelé *réaction en chaîne*. C'est un processus par lequel la réaction d'un atome initie la réaction de deux atomes; ainsi, une réaction déclenche deux réactions, qui en déclenchent elles-mêmes quatre, puis huit et ainsi de suite, si bien que, au bout d'un moment, un nombre énorme de réactions atomiques se produit, toutes initiées par la réaction initiale d'un atome. Quand un nombre incroyablement grand d'atomes réagit sur une période incroyablement courte, chacun d'entre eux libérant autant d'énergie qu'un milliard de réactions chimiques ordinaires, on a une sacrée explosion.

Les réactions en chaîne ne sont pas toutes mauvaises. Si l'on contrôle la vitesse à laquelle une telle réaction en chaîne se produit, on obtient un réacteur nucléaire. Dans un réacteur nucléaire, l'énergie se libère de façon suffisamment progressive pour générer la chaleur qui permet de faire bouillir de l'eau et de produire de la vapeur d'eau qui alimente des turbines couplées à des générateurs qui produisent l'électricité alimentant la lampe qui vous permet de lire ce livre.

Mesdames, Mesdemoiselles, Messieurs, c'est ce que l'équation d'Einstein fait pour nous tous les jours.

Brève de comptoir

Dans toutes les réactions chimiques ordinaires, de la masse est convertie en énergie.

Seuls ceux qui ont suivi un enseignement approprié seront d'accord; vous pourriez même piéger un professeur de chimie. Les chimistes sont tellement habitués à négliger les petites variations de masse associées aux réactions chimiques qu'ils croient qu'il n'y a tout simplement *pas* de variation de masse. C'est ce que l'on finit par apprendre à l'école. Mettez fin à la discussion en rappelant à votre interlocuteur/trice qu'Einstein n'a jamais dit : « $E = mc^2$, sauf en cours de chimie. »

Comment les atomes trop gros perdent du poids

☞ Je peux comprendre que le pétrole et l'essence contiennent de l'énergie, car cette énergie prend la forme de chaleur lorsqu'on les brûle. Mais comment tire-t-on de l'énergie de l'uranium ? Est-ce qu'il brûle ?

Si, par « brûler », vous entendez combustion – une réaction chimique avec l'oxygène de l'air –, non. Mais si vous voulez dire que les atomes d'uranium sont consommés, oui.

Vous avez raison sur le fait que le charbon, le pétrole et l'uranium contiennent de l'énergie. En fait, toute substance contient une certaine quantité d'énergie. C'est inhérent à l'arrangement unique de ses atomes et à la façon dont ils sont liés. Si les atomes sont très fortement liés, ils sont relativement satisfaits et dans un état de basse d'énergie. S'ils ne sont pas très bien liés, ils ont plus de possibilités d'évoluer : ils contiennent plus d'énergie potentielle.

Les atomes de la nitroglycérine, par exemple, sont très peu liés les uns aux autres. La nitroglycérine est une substance tellement instable qu'elle n'attend qu'un petit choc pour réarranger ses atomes *rapidement* (*très* rapidement) en une combinaison de plus faible énergie plus stable – un ensemble de gaz. L'énergie libérée lors de l'explosion qui s'ensuit est la différence d'énergie entre la nitroglycérine de départ et l'énergie des gaz qui ont été formés à partir de ses atomes.

En général, si on peut trouver un moyen de réarranger les atomes d'une substance sous une forme moins énergétique, l'énergie « perdue » sort sous une forme ou une autre, en général sous forme de chaleur. Quand on brûle du charbon ou du pétrole dans de l'air, on donne à leurs atomes (en plus de quelques atomes d'oxygène) une opportunité de se réarranger sous une forme de plus basse énergie – du dioxyde de carbone et de l'eau. On peut ensuite récupérer l'énergie libérée sous forme de chaleur. La seule raison pour laquelle on ne peut pas tirer d'énergie de l'eau et des rochers, c'est que l'on ne peut pas trouver de nouvelle façon de réarranger leurs atomes qui aurait encore moins d'énergie. Du moins pas sans dépenser plus d'énergie que l'on en récupérerait.

Pour pouvoir se transformer en combinaisons atomiques de plus basse énergie, le pétrole, le gaz naturel, l'essence – tous nos carburants courants – doivent disposer d'oxygène avec lequel réagir. Mais les gros atomes d'uranium n'ont pas besoin de ce genre d'aide. Ils peuvent atteindre un état de plus basse énergie simplement en se cassant – en se divisant en deux atomes plus petits. Il se trouve que les deux atomes plus petits sont plus fortement liés et plus stables que l'atome d'uranium de départ. En effet, l'énergie de leurs particules subatomiques est plus faible dans cette nouvelle configuration. La baisse d'énergie qui en résulte est l'énergie de *fission nucléaire*. En fait, elle ne concerne que le *noyau* de l'atome d'uranium : le reste de l'atome (les électrons) ne fait que suivre.

Mais tous les atomes ne sont pas capables de couper leur noyau pour libérer de l'énergie. Seuls les plus lourds sont susceptibles de fissionner de cette façon. Ils sont tellement lourds qu'ils tremblent un peu et qu'ils se brisent à la première provocation. Un réacteur nucléaire est en fait un provocateur très efficace. Il chatouille ces noyaux d'uranium instables en les bombardant de *neutrons*, des particules nucléaires lourdes et neutres, et c'est tout l'encouragement dont les noyaux d'uranium ont besoin pour littéralement craquer et prendre des arrangements plus stables, libérant de l'énergie pendant la manœuvre.

Le coin des scientifiques

☞ Pourquoi les noyaux d'uranium sont-ils tellement instables qu'ils ne demandent qu'à se briser en deux ?

Tous les noyaux atomiques sont constitués de particules appelées **nucléons**. *Un gros noyau comme celui de l'uranium est un assemblage de plus de deux cents de ces particules, toutes compressées dans un espace incroyablement restreint. Il y a tellement d'objets à retenir que la prise moyenne du noyau sur chacun d'entre eux est assez faible. C'est comme essayer de tenir des balles de golf dans ses bras sans panier.*

Le noyau pourrait améliorer sa situation précaire et mieux se maîtriser s'il pouvait se séparer en deux charges plus faciles à gérer – deux seaux de balles de golf plus petits qu'il pourrait tenir plus fermement et plus solidement. Étant mieux contrôlés, les deux seaux plus petits auraient moins de chances de casser. Ils auraient moins tendance à se comporter de façon énergique et indisciplinée – ils auraient moins de ce que les scientifiques appellent **énergie potentielle**.

Toutefois, comme Einstein nous l'a enseigné, l'énergie est de la masse et la masse, de l'énergie. Ainsi, si deux noyaux plus petits ont moins d'énergie que n'en avait le gros noyau, ils devraient être plus légers. Les deux petits noyaux pris ensemble pèsent effectivement moins lourd que le gros noyau de départ, même s'ils contiennent le même nombre de « balles de golf ». Si vous additionnez les masses – ou les poids – des deux noyaux plus petits formés à partir du noyau d'uranium, vous verrez qu'elles représentent un dixième de pour cent de moins que la masse du noyau d'uranium initial. Ce dixième de pour cent de masse « perdue » se transforme en une grande quantité d'énergie car, d'après la bonne vieille équation $E = mc^2$ (voyez p. 237), une petite masse équivaut à une énorme quantité d'énergie.

Un tantinet difficile à avaler, peut-être ? Cependant, si ces idées étaient fausses, l'énergie nucléaire n'existerait pas – ni aucune des centaines de réactions nucléaires que les scientifiques voient se produire tous les jours en laboratoire. Si l'on accepte la proposition d'Einstein selon laquelle masse et énergie sont interchangeables, on accepte également toutes ces manifestations qui en sont les conséquences parfaitement naturelles et qui ne devraient donc pas le moins du monde nous surprendre.

Ou alors peut-être un tout petit peu.

J'y crois dur comme fer

☞ **Pourquoi un aimant attire-t-il le fer ? Pourquoi n'attire-t-il pas l'aluminium ou le cuivre, par exemple ?**

Les aimants ne sont attirés que par d'autres aimants. Un morceau de fer contient des milliards de petits aimants mais pas le cuivre ni l'aluminium.

La seule chose que le pôle d'un aimant peut attirer, c'est le pôle opposé d'un autre aimant. C'est exactement la même chose avec les charges électriques : la seule chose qu'une charge électrique positive peut attirer, c'est une charge électrique négative et *vice versa*. Pour les aimants, on appelle ces deux opposés « nord » et « sud », au lieu de positif ou négatif. Il n'y a pas de force directe entre un objet chargé électriquement et un objet non chargé électriquement. C'est la même chose avec les aimants : pas de deuxième aimant, pas d'attraction.

(Il y a des effets croisés entre l'électricité et le magnétisme : on peut générer des attractions magnétiques en déplaçant des charges électriques et des attractions électriques en déplaçant des aimants. Nous ne nous intéresserons qu'aux aimants immobiles.)

Les atomes de fer sont des petits aimants car leurs électrons chargés négativement – chaque atome de fer en a vingt-six – tournent comme des toupies tout en effectuant une révolution autour du noyau, de la même façon que la Terre tourne autour du Soleil. Ce mouvement de rotation génère une de ces situations de « croisement » électricité-magnétisme, si bien que les électrons chargés se comportent comme des aimants. Mais la plupart des électrons du fer sont arrangés de telle façon qu'ils sont tous regroupés par paires (jargon scientifique : ils sont *appariés*); or, quand des électrons en rotation se regroupent, ils annulent mutuellement leur magnétisme, comme le feraient deux aimants : le pôle nord de l'un avec le pôle sud de l'autre et *vice versa*.

Toutefois, quatre des électrons du fer n'ont pas de partenaire et, comme ils ne sont pas en couple, ils donnent un effet magnétique non compensé à leur atome. Les atomes de fer sont donc magnétiques et par conséquent attirés par les aimants.

C'est très bien mais le fer n'est le seul, loin de là. Des dizaines d'éléments – même l'aluminium et le cuivre – ont des électrons non appariés dans leurs atomes et sont donc magnétiques. Même les atomes d'oxygène en ont et sont attirés par un aimant. On ne voit pas ça avec l'air, bien sûr mais, si vous versez de l'oxygène liquide sur un aimant puissant en laboratoire, vous verrez qu'il y colle.

Le type de magnétisme qui provient des électrons non appariés (en jargon scientifique : le *paramagnétisme*) est cependant très faible. Il est en général un million de fois moins important que le magnétisme auquel on pense en général : du fer attiré par un aimant. Mais on peut quand même l'observer chez soi si l'on regarde attentivement.

Voyez par vous-même

Posez un niveau de charpentier sur la table et placez un aimant puissant à côté de l'extrémité de la bulle. Observez attentivement, en utilisant les marques horizontales comme point de référence : si l'aimant est suffisamment puissant, vous verrez la bulle d'air se déplacer légèrement en direction de l'aimant. Ce n'est cependant pas parce que l'oxygène de l'air est attiré par l'aimant. Il faudrait un aimant très puissant pour voir cela. C'est parce que le liquide du niveau est repoussé par l'aimant en raison d'un type de paramagnétisme. Quand le liquide va dans un sens, la bulle va dans l'autre.

Dans le type de magnétisme beaucoup plus fort du fer (en jargon scientifique : le *ferromagnétisme*), la différence est la suivante : dans un morceau de fer, les aimants atomiques ne pointent pas forcément dans des directions aléatoires, comme des compas magnétiques dans un magasin d'aimants. Si on frotte un morceau de fer avec un aimant, on peut aligner tous les pôles nord des aimants des atomes de fer dans la même direction (et donc tous les pôles sud dans la direction opposée).

Du fait de leur taille et de leur forme précises, les atomes de fer restent alignés ainsi sans bouger. Cet alignement produit un très fort effet magnétique par addition, des millions de fois plus fort que le magnétisme des atomes individuels. Le résultat est que le morceau de fer a été *magnétisé* : il est lui-même devenu un aimant et attire les autres morceaux de fer.

Il n'y a que trois éléments – le fer, le nickel et le cobalt – dont la configuration des atomes permet d'aligner leurs petits aimants et de rester ainsi. C'est la raison pour laquelle seuls ces trois métaux sont ferromagnétiques. C'est cependant le fer qui est le plus puissant.

Section « sans commentaires »

*Le corps d'un adulte contient entre quatre et cinq grammes de fer, présent dans l'hémoglobine et la myoglobine. [En fait, ce serait plutôt trois.] Le fer est essentiel à notre vie et le magnétisme influence radicalement et magnifiquement le fer [**sic**]... Les aimants ont [donc] des vertus curatives exceptionnelles sur certaines affections comme les rages de dents, les raideurs des épaules et des autres articulations, les douleurs et les bosses, la spondylite cervicale [**sic**], l'eczéma, l'asthme mais aussi les engelures, les blessures et les plaies.*

*(Tiré de **Magnetic Therapy**, un dépliant « de santé » distribué dans un centre commercial pour promouvoir la guérison par les aimants.)*

Le plus grand fusil du monde

☞ Si je lâchais une balle de fusil du haut du plus grand gratte-ciel du monde et qu'elle tombait sur la tête de quelqu'un, est-ce que ça pourrait le/la tuer ?

Non. Les piétons qui passent sous la Sears Tower[1], haute de 442 mètres, n'ont rien à craindre. Avec ou sans chapeau, des expériences purement scientifiques comme la nôtre ne leur font pas courir grand danger. (Nous ne parlerons pas des bombes à eau.)

Vous avez certainement à l'esprit l'*accélération de la pesanteur* – le fait qu'un objet qui tombe va de plus en plus vite. C'est effectivement un effet physique sur la chute d'un objet. Quand un objet tombe, il est en permanence soumis à la force de gravité et la gravité le fait encore accélérer à tout instant, quelle que soit sa vitesse : notre objet va de plus en plus vite. Il accélère. C'est comme si vous poussiez un chariot. Tant que vous continuez à pousser, le chariot accélère.

Pourquoi ne pas envisager, donc, qu'un plomb auquel on donnerait assez de temps pour tomber pourrait finir par atteindre la vitesse d'une balle ? Ou pourquoi pas la vitesse de la lumière ? Un calcul à partir des équations de la gravité montre que, après une chute de 442 mètres, un objet – tout objet – devrait se déplacer à 335 kilomètres par heure. Chaud devant !

Mais attendez. Cela suppose qu'il n'y a rien entre le lanceur fou et sa victime. Mais, il y a quelque chose : de l'air. Et devoir se frayer un chemin à travers l'air a nécessairement pour effet de ralentir un objet. Nous avons deux forces qui s'opposent : la traction de la gravité qui veut faire accélérer l'objet et la traînée de l'air qui a tendance à le faire ralentir.

---

1. Tour de Chicago, la plus haute des États-Unis. Un temps la plus haute du monde, elle fut détrônée en 1998 par les Petronas Twin Towers de Kuala Lumpur en Malaisie (452 m), elles-mêmes détrônées en 2003 par la Tour Taipei à Taïwan (508 m). Depuis juillet 2007, le record est détenu par la tour Burj Dubai. (NDT)

Comme toutes celles qui s'opposent dans la Nature, ces deux forces intelligentes trouvent un compromis mathématique exact. Le ralentissement dû à l'air compense exactement l'accélération de la gravité, ce qui met une limite supérieure à la vitesse finale atteinte par un objet, quelle que soit sa hauteur de chute. Il accélère jusqu'à un certain point, puis continue à chuter à vitesse constante.

Bien sûr, la résistance de l'air est différente selon les objets que l'on envisage de lâcher du haut d'un bâtiment : un poulet plumé offrira par exemple moins de résistance que s'il avait ses plumes. La vitesse que finit par atteindre un objet en chute libre dans l'air dépend donc de l'objet en question. S'il n'y avait pas d'air, cette vitesse serait la même pour tous les objets à un instant donné, quel que soit leur poids.

Pour une balle, la résistance de l'air est telle que sa vitesse finale au niveau du sol serait inoffensive, même pour un chauve. De plus, elle atteindrait sa vitesse maximale au bout de quelques étages seulement. Une expédition scientifique jusqu'à Chicago ou Dubai n'est donc absolument pas nécessaire.

Bien sûr, il faut se rappeler que ce n'est pas seulement la vitesse qui détermine la puissance de destruction d'un projectile : c'est sa *Squantité de mouvement*. La quantité de mouvement est une combinaison de la vitesse et du poids. Bien que la vitesse finale d'une boule de bowling volante soit loin d'être celle d'une balle, ses effets sur un piéton pourraient être assez sérieux, du fait de son poids.

Mais j'imagine que vous le saviez déjà.

Danse cosmique

☞ J'ai appris en cours de chimie que les atomes et les molécules sont en mouvement perpétuel. Mais j'ai ensuite appris en cours de physique que le mouvement perpétuel n'existe pas et que rien ne peut se déplacer indéfiniment sans qu'on l'aide.

(Isaac Newton ne l'a peut-être pas dit exactement comme ça.) Qui pousse donc tous ces atomes et toutes ces molécules ?

Supposons que les danseuses du Moulin Rouge viennent une par une sur scène pour faire leur numéro. Nous sommes d'accord que l'effet prévu ne serait pas au rendez-vous, n'est-ce pas ? Pourtant, c'est exactement comme ça que les programmes scolaires sont conçus : les professeurs de physique et de chimie font leur solo sur des scènes séparées et il n'y a pas de cours appelé « Rassemblement Général ».

Vos deux souvenirs sont tout à fait corrects. L'information qu'il vous manque est la suivante : personne ne pousse tous ces atomes et toutes ces molécules aujourd'hui mais ils ont reçu une sacrée poussée il y a quelques milliards d'années.

Le mouvement des atomes et des molécules, comme le mouvement de tout le reste, est une forme d'énergie appelée *énergie cinétique* (du grec *kinema*, qui signifie mouvement). Dans le cas des atomes et des molécules, l'énergie cinétique est contenue dans leurs mouvements et leurs collisions permanents, seulement limités par des *liaisons*, le nom que les chimistes donnent aux différents types d'attraction, ou d'adhérence, entre les particules. On appelle ce mouvement collectif d'atomes et de molécules *chaleur*.

Le fait que toutes ces particules soient en mouvement incessant ne signifie pas qu'un morceau de matière visible à l'œil nu – un grain de sel, par exemple – bondit dans tous les sens comme une puce. Les trois milliards de milliards d'atomes du grain de sel (oui, j'ai vraiment fait le calcul) oscillent dans toutes les directions possibles, si bien que le mouvement résultant est nul. Le grain de sel n'est pas près de sauter soudainement de la table de votre cuisine. Une ruche ne parcourt pas la campagne parce que les abeilles à l'intérieur s'activent frénétiquement. (En fait, elles sont assez calmes dans la ruche jusqu'à ce que quelqu'un vienne les perturber.)

La grande question est donc : où toutes les particules ont-elles reçu leur énergie cinétique ? Y a-t-il eu une grande poussée initiale ? Oui, tout à fait. Toute la matière de l'Univers a reçu toute son énergie au moment de sa création, le « Big Bang » qui, selon la théorie la plus acceptée à l'heure actuelle, a « allumé » l'Univers il y a environ 13,5 milliards d'années (les cosmologistes ne sont pas encore tout à fait d'accord sur la date exacte). Et, des milliards d'années plus tard, toutes les particules de l'Univers sont toujours en mouvement.

Mais pas toutes à la même vitesse. Quand on chauffe une casserole de soupe sur une plaque, les particules de soupe bougent *en moyenne* plus vite. À l'opposé, quand on prend de la chaleur à une bouteille de bière en la mettant au réfrigérateur, les particules de bière bougent *en moyenne* moins vite.

Vous savez bien sûr que ce qui monte dans la casserole et baisse dans le réfrigérateur, c'est la *température* : l'énergie cinétique moyenne des particules d'un morceau de matière, que ce soit de la soupe, de la bière, un être humain ou une étoile. Le mot-clé est *moyenne.*

Bien évidemment, nous ne pouvons pas sauter dans notre casserole avec un chronomètre et mesurer la vitesse moyenne de toutes ces particules pour déterminer la température. Il a donc fallu inventer un gadget appelé thermomètre. (Il fut inventé par un homme du nom de Gabriel Fahrenheit. Oui, le même que les degrés Fahrenheit, voyez p. 253.) Le thermomètre contient un liquide brillant et bien visible – du mercure – qui se dilate dans un tube en verre quand la température monte mais se contracte et descend dans le tube quand la température diminue. Le mercure se dilate car il subit des collisions. Les particules de la substance dont on veut mesurer la température entrent en collision avec la paroi extérieure du thermomètre en verre. Cela fait entrer certaines des particules de verre en collision avec les particules de mercure à l'intérieur du tube. Les particules de mercure concernées bougent donc plus vite qu'avant, elles ont donc besoin de plus de place et le mercure doit donc se dilater dans le tube.

Ainsi, cette énergie universelle primordiale fait encore trembler tous les atomes et molécules de l'Univers, à des vitesses différentes selon la température. Ce n'est qu'une question d'énergie. C'est une devise universelle. On peut la convertir d'une forme en une autre, tout comme on peut convertir de l'argent en différentes monnaies selon différents pays. Elle peut être perdue par un corps et gagnée par un autre, tout comme on peut transférer de l'argent lors d'une opération financière. Elle peut même être convertie en masse, tout comme l'argent peut être converti en biens (voyez p. 237). La seule chose qu'elle ne peut pas faire, c'est apparaître de façon spontanée (les planches à billets ont été détruites juste après le Big Bang) ou disparaître. Nous en avons obtenu une certaine quantité lors du Big Bang et nous vivons depuis sur nos réserves. Ces réserves existent sous forme de chaleur et autres formes que l'énergie peut adopter.

Si vous pensez que le Soleil fabrique continuellement de l'énergie et nous en envoie une partie sous forme de lumière et de chaleur, réfléchissez-y à deux fois. Le Soleil et les étoiles ne font que convertir leur bas de laine d'énergie, présente sous forme de masse. Ils ne génèrent rien de nouveau.

Au fait, la pile cosmique, chargée il y a des milliards d'années, va-t-elle s'user ?

Il y a toutes les raisons de le penser. Toute l'énergie de l'Univers se transforme lentement mais sûrement en quelque chose d'autre : en *entropie*, ou désordre – le chaos total (voyez p. 262). Mais ne vous en faites pas trop pour ça. Bien avant que cela se produise – dans environ six milliards d'années si vous tenez vraiment à le savoir –, le Soleil se sera éteint.

Brève de comptoir

Le mouvement perpétuel existe et existera tant que l'Univers existera.

Fous du système métrique

☞ Quelles sont les différences entre le système d'unités anglo-saxon et le Système international d'unités ?

Parmi tous les pays du monde, seulement trois – le Myanmar (anciennement Birmanie), le Yémen et les États-Unis – n'ont pas encore adopté le Système international d'unités. Est-il possible que le reste du monde ait compris quelque chose qui échappe encore à ces trois-là ?

Voyons comment on pourrait améliorer le système anglo-saxon d'unités vieillot et bizarre (que même les Anglais n'utilisent plus).

Supposons que vous vous réveilliez aux États-Unis et que vous deviez faire un gâteau pour le café, dont voici la liste des ingrédients :

1 tasse ⅓ de crème fraîche,

1 cuillère à café ¼ de bicarbonate de soude,

1 cuillère à café ¾ de levure chimique,

1 tasse ¾ de farine à gâteau,

2 œufs,

1 tasse ½ de sucre,

½ tasse de beurre.

Supposons que vous souhaitiez faire un gâteau deux fois plus petit. Votre mission : diviser les quantités par deux :

Voyons voir. La moitié d'un et un tiers, ça fait… euh… Bon, la moitié d'un et un quart, ça fait… mouais… La moitié d'un et trois quart, ça fait… Alors, il y a huit onces dans une tasse (ou seize ?), et donc la moitié d'un et trois quart, ça fait un et trois quart fois huit divisé par deux, ou… Pourquoi est-ce que je ne prendrais pas la moitié de deux œufs – pour ça, ça va – avant de verser le reste des ingrédients à vue de nez ?

Bonne chance.

Imaginons maintenant que tout soit exprimé en unités internationales. La recette du gâteau ressemblerait à peu près à ça :

Recette complète	Moitié
300 grammes de crème fraîche	150 grammes de crème fraîche
6 grammes de bicarbonate de soude	3 grammes de bicarbonate de soude
10 grammes de levure chimique	5 grammes de levure chimique
250 grammes de farine à gâteau	125 grammes de farine à gâteau
2 œufs	1 œuf
300 grammes de sucre	150 grammes de sucre
100 grammes de beurre	50 grammes de beurre

Un peu plus simple, non ?

Maintenant, tout ce qu'il faut savoir, c'est combien vaut un gramme, n'est-ce pas ? Pas vraiment. Si vous avez un appareil qui mesure tout en grammes, qui a besoin de savoir à quoi correspond un gramme ? Il suffit d'en mesurer 150, 3 ou 5 et ainsi de suite, quelle que soit la quantité concernée. Savez-vous vraiment ce qu'est une « once » ? Tout ce que vous savez, c'est que c'est une certaine quantité de matière qu'une personne inconnue, pour des raisons inconnues, a définie il y a très longtemps.

De plus, il faut en permanence batailler avec trois types d'once : fluide, avoirdupoids et troy; et elles sont toutes différentes[1]. Elles ne mesurent même pas la même chose : la première mesure un volume alors que les deux autres mesurent un poids.

Sortons maintenant de la cuisine et allons dans l'atelier. Vous avez une planche qui mesure sept pieds, neuf pouces et cinq huitièmes et vous devez la couper en trois parties de même longueur. (La réponse, qui devrait vous prendre moins d'une heure, est deux pieds, sept pouces et sept trente-deuxièmes, plus ou moins.) Dans ce nouveau système d'unités, vous mesurez la planche avec un mètre et trouvez 238 centimètres. Un tiers vaut 79,3 cm. Fin du problème.

Notez que vous n'avez pas eu besoin de savoir ni même de vous soucier du fait qu'il y a 2,54 cm dans un pouce, pas plus du fait qu'il y a 28,35 grammes dans une once quand vous avez pesé les ingrédients de votre gâteau. Il y a juste à savoir qu'un centimètre est la distance entre deux nombres adjacents sur une règle et qu'un gramme est l'une de ces petites divisions sur la balance.

Beaucoup d'Américains désespèrent à la simple pensée de devoir apprendre le système métrique car les unités – les grammes, les centimètres, etc. – sont difficiles à visualiser en termes d'onces et de pouces familiers. En d'autres termes, c'est la *conversion* entre leur vieux système et le nouveau qui pose problème. Et c'est le cas. Qui veut passer son temps à manipuler des 2,54^{e} et des 28,35^{e} tout le temps ? Pas de doute, il sera terriblement compliqué de tout convertir au système métrique aux États-Unis – des recettes aux cartes

1. Elles valent respectivement 28,413 062 5 mL, 28,349 523 125 g et 31,103 476 8 g. (NDT)

routières, sans parler de tous les sites de production industrielle. Personne ne dit le contraire.

Toutefois, c'est une mauvaise raison de résister au système métrique. Les Américains ne font-ils pas des conversions tout aussi difficiles à longueur de journée ? Douze pieds valent un pouce, trois pieds valent un yard, un mile terrestre vaut 1 760 yards, une livre vaut 16 onces avoirdupois, 16 onces liquides valent une pinte, 2 pintes valent un quart, 4 quarts valent un gallon[1]. Sans parler des pecks, des boisseaux, des tonneaux, des brasses, des nœuds et littéralement des centaines d'autres unités invraisemblables.

Dans le système métrique, il n'y a qu'une unité pour chaque type de mesure. Et les seuls nombres nécessaires aux conversions sont 10, 100 et 1 000, et pas 3, 4, 12, 16 ou 5 280. Il y a cent centimètres dans un mètre, 1 000 mètres dans un kilomètre, 1 000 grammes dans un kilogramme et ainsi de suite. Utiliser le système métrique est la simplicité même, comme le montre le fait que 94 pour cent de la population mondiale y parviennent sans difficulté.

Une fois cette période de transition bizarre terminée, la vie sera belle. Mais plus les Américains attendent, plus la transition sera difficile.

Les États-Unis ont une énorme rage de dents mais repoussent la visite chez le dentiste.

Vous ne l'avez pas demandé, mais…

☞ Quand j'étais aux États-Unis, les bulletins météo donnaient les températures en degrés Fahrenheit, mais les formules de conversion que j'ai vues sont compliquées et impossibles à retenir. Y a-t-il un moyen facile de convertir les degrés Fahrenheit en degrés Celsius et inversement ?

Oui, il y a une méthode beaucoup plus simple et c'est dommage qu'elle ne soit pas enseignée dans les écoles américaines. Ces formules compliquées avec toutes leurs parenthèses et leurs trente-deuxièmes, une fois entrées dans les livres de cours, semblent ne plus vouloir en sortir.

1. Dans le *système d'unités américain* mais pas dans le *système d'unités impérial* anglais ! (NDT)

Voici une méthode simple :

Pour convertir une température exprimée en degrés Celsius en degrés Fahrenheit, ajoutez simplement 40, multipliez par 1,8 et soustrayez 40.

C'est tout.

Par exemple, pour convertir 100 degrés Celsius en degrés Fahrenheit, on ajoute 40 (on obtient 140), on multiplie par 1,8 (on obtient 252) et on soustrait ensuite 40 : on obtient ainsi 212. C'est le point d'ébullition de l'eau : 100 degrés Celsius équivalent à 212 degrés Fahrenheit.

Ce qu'il y a de bien avec cette méthode, c'est qu'elle marche dans les deux sens :

Pour convertir une température exprimée en degrés Fahrenheit en degrés Celsius, ajoutez simplement 40, ***divisez*** *par 1,8 et soustrayez 40.*

Exemple : pour convertir 32 degrés Fahrenheit en degrés Celsius, on ajoute 40 (on obtient 72), on divise par 1,8 (on obtient 40) et on soustrait ensuite 40 : on obtient 0. C'est le point de congélation de l'eau : 32 degrés Fahrenheit équivalent à 0 degré Celsius.

Tout ce qu'il y a à retenir, c'est s'il faut multiplier ou diviser par 1,8. Indice : les températures exprimées en degrés Fahrenheit sont toujours supérieures à celles exprimées en degrés Celsius. Quand on convertit des degrés Celsius aux degrés Fahrenheit, il faut donc multiplier.

Le coin des scientifiques

Pourquoi cette méthode fonctionne-t-elle ? Cela tient à la façon dont MM. Fahrenheit et Celsius ont mis au point leurs échelles de température. Il se trouve que, par hasard, une valeur de 40 degrés en dessous de 0 représente exactement la même température sur les deux échelles. Additionner 40 les met donc en quelque sorte sur la même base. Ensuite, il faut corriger la différence de taille entre les degrés (un degré Celsius est exactement 1,8 fois plus grand qu'un degré Fahrenheit) et on soustrait ensuite les 40 degrés artificiels que l'on avait ajoutés.

Un calcul plus détaillé pour prouver que cette méthode marche nous emmènerait trop loin. Mais elle fonctionne toujours et elle est exacte.

Une question de poids

☞ **Pourquoi l'hélium est-il plus léger que l'air ? Et pourquoi est-ce que quelque chose est plus lourd ou plus léger que quelque chose d'autre ?**

La matière est constituée de particules : des atomes et des molécules. Le fait que certaines particules sont plus légères que d'autres, bien que cela joue un rôle important, n'est pas seul en cause : certaines particules sont entassées de façon plus compacte que les autres.

Le plomb est plus dense que l'eau – c'est-à-dire plus lourd que le même volume d'eau –, surtout parce que les atomes de plomb sont presque onze fois plus lourds que les molécules d'eau. Mais, même si les molécules d'eau et les atomes de plomb pesaient aussi lourd, il pourrait y avoir une différence de densité en raison de la compacité. Par exemple, l'eau liquide est plus dense que l'eau solide (la glace), même si elles contiennent les mêmes particules, à savoir des molécules d'eau (voyez p.210). Mais, dans le liquide, les molécules sont rangées de façon plus compacte que dans le solide. Quand on dit qu'une substance est plus dense qu'une autre car ses particules sont plus lourdes, on ne raconte donc pas forcément toute l'histoire.

Les gaz sont cependant très différents des liquides et des solides car ils ne s'agglomèrent pas du tout; leurs molécules volent dans les airs complètement libres les unes des autres. À la même pression, toutes les molécules de gaz sont groupées exactement de la même façon – c'est-à-dire qu'elles sont séparées par la même distance moyenne, que ce soit des atomes d'hélium ou des molécules d'air.

Ainsi, le rangement n'a absolument rien à voir dans le fait qu'un gaz est plus dense qu'un autre. L'hélium est environ sept fois moins dense que l'air à la même pression, simplement parce que ses particules sont sept fois moins lourdes que les molécules d'air.

C'est bien ce que vous pensiez, n'est-ce pas ? Mais peut-être pas pour les bonnes raisons.

À qui appartient cet ADN ?

☞ Que représentent ces petites barres noires que les experts brandissent dans les tribunaux et appellent « analyses ADN » ? Est-ce qu'elles représentent l'ADN lui-même ?

Non. Ces échelles de traits noirs flous sont juste une façon de montrer aux jurés et aux spécialistes de biochimie certaines choses qui sont trop petites pour que l'on puisse les observer, même avec un microscope. Elles représentent le résultat final de plusieurs manipulations de laboratoire qui ne sont jamais expliquées au tribunal. Mais, avant qu'on les voie ensemble, le *vrai* ADN peut-il se lever ?

L'ADN est la substance la plus complexe et la plus fascinante sur la Terre mais elle n'est pas trop difficile à comprendre si l'on évite les grands mots et si l'on ne se perd pas dans les détails.

Supposons que vous soyez Dame Nature et que vous vouliez mettre au point un procédé général de vie qui fonctionnerait pour toutes les créatures vivantes, les plantes comme les animaux. Votre plus gros problème serait de passer d'une génération à une autre. Après tout, fabriquer une magnifique rose, un cafard ou un cheval, aussi difficile que cela puisse être, ne vous mènera pas loin si vous ne leur donnez pas le pouvoir de faire des roses, des cafards et des chevaux. Comment peut-on faire pour qu'une rose fasse naître une autre rose ? Comment un cheval peut-il dire à sa descendance que ce sont des chevaux et pas des brins d'herbe ou des cafards – qu'ils doivent avoir quatre jambes et pas six, n'avoir ni chlorophylle ni antennes *et cætera, et cætera ?*

Il faut noter et transmettre une liste énorme de spécifications pour s'assurer que chaque nouvelle génération suive le même procédé. Comment Dame Nature s'est-elle débrouillée pour enregistrer et rejouer, encore et encore, sans crayon ni papier, cassette vidéo ou CD-ROM, l'énorme quantité d'informations complexes qui, réunies, disent : « Cheval » ?

Réponse : elle écrit tout cela sur les bandes d'une substance remarquable appelée ADN, qui fonctionne comme une bande d'enregistrement.

ADN est l'abréviation, plus maniable, d'*acide désoxyribonucléique*. Cette substance contient certains groupements spécifiques d'atomes alignés le long de rubans enroulés en spirale. Elle est présente dans le noyau de virtuellement toutes les cellules de n'importe quelle partie de toutes les formes de vie sur Terre, des éléphants de six tonnes aux bactéries unicellulaires en passant par les avocats.

L'information sur les rubans d'ADN est écrite de façon codée. Ce code se trouve dans les séquences exactes selon lesquelles ces groupements d'atomes sont alignés le long du ruban. Si l'on assimile les groupements d'atomes à des mots, leurs séquences sont des phrases. Des séquences spécifiques de groupements d'atomes véhiculent des informations particulières, tout comme des séquences spécifiques de mots dans une phrase.

Les scientifiques ont baptisé ces « mots » (ces groupements d'atomes) *nucléotides* et les séquences, *gènes*. Chaque « phrase » (chaque gène) donne une petite quantité essentielle d'information sur ce que doit être un poulain – ou un bébé cafard, ou un nourrisson humain. Les gènes différencient même un bébé d'un autre. Sur un seul ruban d'ADN humain, il y a tellement de « mots » (peut-être quelques millions), combinés pour former tellement de phrases (peut-être cent mille), que, excepté les vrais jumeaux, il n'y a pas deux individus parmi les bientôt sept milliards sur Terre – ni parmi tous ceux qui ont déjà vécu – qui ont la même combinaison.

Imaginez seulement les probabilités. Si vous aviez un panier contenant plusieurs milliers de mots et que, les yeux bandés, vous y préleviez un à un suffisamment de mots pour écrire un livre (plutôt long) de cent mille phrases, quelle probabilité auriez-vous, à votre avis, de faire deux fois la même chose et de choisir deux fois les mêmes mots dans le même ordre – c'est-à-dire d'obtenir exactement le même livre ? Dans le cas des humains, la probabilité est encore plus faible en raison de l'isolement historique et géographique : la probabilité de dupliquer exactement un bébé africain dans une maternité suédoise est encore plus faible que les mathématiques le laissent penser.

Et alors, si tous les êtres humains sur Terre possèdent un lot de gènes unique sur leurs rubans d'ADN, peut-on déterminer les caractéristiques d'une personne en examinant son ADN ? En principe, oui, bien que l'on n'ait pas encore séquencé tout le patrimoine génétique de qui que ce soit. Mais, s'il y a de l'ADN dans toutes les cellules du corps, de la peau, du sang, des cheveux, des ongles et du sperme, ne pourrions-nous pas identifier une personne ayant commis un crime, par exemple, en comparant l'ADN d'un(e) suspect(e) avec l'ADN des cellules retrouvées sur le lieu du crime ? Tout à fait. Et c'est exactement ce sur quoi portent les analyses d'ADN de la police scientifique.

Comment font-ils ? Ils extraient l'ADN d'une cellule et le traitent avec des enzymes qui dupliquent l'ADN – qui en font plusieurs copies identiques – jusqu'à ce qu'il y en ait assez pour travailler. D'autres enzymes coupent ensuite le ruban en fragments de petite taille plus faciles à manipuler, comme on pourrait découper un livre en pages, en paragraphes, en phrases et en mots. Ensuite les techniciens étalent tous les fragments découpés en fonction de leur taille (je vous dirai comment) et comparent exactement quelles séquences de mots apparaissent dans les deux échantillons qu'ils veulent comparer. Des fragments identiques indiquent des personnes identiques.

Pensez-y. Si vous découpez deux livres en centaines de pièces et terminez avec ne serait-ce que 10 pages identiques ou des assortiments de paragraphes exactement dans le même ordre, alors c'est que vous aviez deux copies du même livre. (Ou alors un cas honteux de plagiat.)

Parlons maintenant de ces tristement célèbres bandes noires. Ces échelles de lignes noires épaisses sont dues aux fragments d'ADN, qui ont été étalés en fonction de leur taille à la suite d'une sorte de course dans un appareil électrique. Les techniciens donnent une charge négative aux fragments et les font lentement dériver sur une surface en direction d'un pôle positif. Les fragments les plus petits, et donc les plus légers, dérivent plus vite et vont plus loin que les plus lourds, si bien qu'ils finissent en haut de l'échelle à la fin de la course. Les fragments plus lourds traînent plus ou moins derrière. On les classe ainsi en fonction de leur taille.

On rend radioactifs ces groupes minuscules et invisibles de fragments d'ADN séparés, pour que les radiations qu'ils émettent impriment une feuille de film photographique, révélant ainsi leur position finale sur la piste de course. C'est ce film photographique développé, portant des marques noires d'exposition aux endroits où les fragments se sont arrêtés à la fin de la course, que les scientifiques comparent, comparant par là même la structure de l'ADN des deux échantillons. Des positions d'arrivée identiques à la fin de la course indiquent des ADN identiques, qui appartiennent donc au même individu, avec une probabilité de se tromper pouvant descendre jusqu'à un sur des centaines de milliards.

Bien sûr, il y a toujours une petite probabilité pour que le meurtrier soit un cheval.

Plutôt deux fois qu'une

☞ **Pour économiser l'énergie et les ressources, on recycle aujourd'hui toutes sortes de choses. Peut-on recycler l'énergie elle-même ?**

Absolument, si, par recycler, vous entendez transformer quelque chose en une forme plus utile. On le fait tout le temps. Les centrales électriques transforment l'eau, le charbon et le combustible nucléaire en électricité. Dans nos grille-pain, nous transformons l'énergie électrique en chaleur. Les moteurs de nos voitures transforment l'énergie chimique en énergie de mouvement (énergie cinétique). Les différentes formes d'énergie sont interchangeables; tout ce que l'on a à faire, c'est inventer la machine appropriée à chaque transformation.

Mais il y a un os – peut-être le plus gros os dans l'Univers tout entier : à chaque fois que l'on convertit de l'énergie, on en perd une partie. Ce n'est pas parce que nos machines sont inefficaces ou parce que l'on manque de rigueur : c'est plus fondamental que ça. C'est comme changer de l'argent dans un pays étranger : il y a un agent de change cosmique qui prélève inévitablement une partie de notre argent à chaque transaction. Le nom de cet agent de change cosmique est le second principe de la thermodynamique.

Il y a une bonne et une mauvaise nouvelles.

D'abord la bonne. C'est le principe de conservation de l'énergie, également connu sous le nom de premier principe de la thermodynamique. Il affirme que l'on ne peut pas créer ou faire disparaître de l'énergie. On peut la faire passer d'une forme à l'autre – énergie de chaleur, lumineuse, chimique, électrique, de masse, etc. – mais, selon ce principe, sa *quantité* ne varie pas : l'énergie ne disparaît jamais. La quantité de masse-énergie dans l'Univers a été fixée au moment de sa création (voyez p. 247). On ne manquera jamais d'énergie.

Génial ! Tout ce que l'on a donc à faire, c'est convertir et reconvertir notre énergie sous la forme qui nous intéresse à un moment donné – de la lumière émise par une ampoule, de l'électricité fournie par une pile, du mouvement fourni par un moteur – et continuer à l'utiliser encore et encore. On n'a qu'à recycler l'énergie tout comme on recycle de l'aluminium, non ?

Malheureusement, non. Et c'est la mauvaise nouvelle. Le second principe de la thermodynamique affirme que, à chaque fois que l'on convertit de l'énergie d'une forme à une autre, on perd un peu de son utilité. On ne peut pas perdre de l'énergie en tant que telle – le premier principe l'interdit – mais on peut perdre une partie de sa *capacité à fournir du travail*. Et, si elle ne peut pas fournir du travail, à quoi de l'énergie peut-elle nous servir ?

La raison pour laquelle on perd de la capacité de travail, c'est que, à chaque fois que l'on convertit de l'énergie sous une forme ou sous une autre, une partie se transforme en énergie de chaleur, qu'on le veuille ou non.

Environ 60 pour cent de l'énergie du charbon que l'on brûle dans les centrales thermiques sont perdus sous forme de chaleur; seulement 40 pour cent de cette énergie finissent en électricité et la plupart de cette énergie électrique se perd en chemin dans les fils au-dessus de nos têtes. Ensuite, 98 pour cent de l'énergie que l'on fournit à une ampoule électrique se perd sous forme de chaleur. Une bonne partie de l'énergie chimique de l'essence sort par le radiateur et le pot d'échappement de nos voitures.

Même si toutes ces opérations complexes étaient efficaces à 100 pour cent, on perdrait inévitablement de la chaleur. Même lorsque de l'eau fait tourner la roue d'un moulin, une petite partie de l'énergie de l'eau se transforme en chaleur de frottement dans les roulements de la roue.

Espérer qu'aucune chaleur ne se forme, c'est comme espérer qu'il n'y ait pas de frottements. Et, s'il n'y avait pas de frottements, une machine pourrait fonctionner éternellement sans ralentir. Le mouvement perpétuel. De l'énergie à partir de rien, et c'est impossible. (C'est ce que dit le premier principe.) Ainsi, dès que l'on met de l'énergie au travail, il se forme inévitablement un peu de chaleur.

Mais la chaleur est toujours de l'énergie, non ? Bien sûr. Pourquoi ne peut-on donc pas remettre la chaleur au travail en la retransformant en énergie utilisable ?

Voilà la *vraie* mauvaise nouvelle du deuxième principe : on peut effectivement le faire mais pas complètement. Alors que l'on peut convertir les autres formes d'énergie en chaleur à 100 pour cent, on ne peut pas convertir la chaleur en une autre forme d'énergie à 100 pour cent. Pourquoi ? Car la chaleur est le mouvement désordonné et chaotique des molécules (voyez p. 247). Et, une fois que notre énergie est sous une forme chaotique, on ne peut pas en tirer que du travail utile. Essayez de labourer un champ avec une « équipe » de chevaux qui courent dans toutes les directions.

Ainsi, petit à petit, à mesure que la Terre tourne, toutes les formes d'énergie se transforment inévitablement en chaleur inutilisable. L'énergie du monde se transforme graduellement en mouvement chaotique et inutilisable de particules. Plus on en utilise, plus on en perd.

L'Univers s'use comme une pile bon marché.

Nous sommes sur une pente à sens unique.

Passez une bonne journée.

Dis, papa, pourquoi est-ce que ça arrive ?

☞ Cette question peut paraître stupide, mais qu'est-ce qui fait que les choses arrivent ou pas ? Je veux dire que l'eau s'écoule vers le bas et pas vers le haut. Le sucre se dissout dans mon café mais, si j'en mets trop, je ne peux pas l'enlever. Je peux brûler une allumette, mais je ne peux pas revenir en arrière. Existe-t-il une règle cosmique qui détermine ce qui peut se produire et ce qui ne peut pas ?[1]

Il n'y a pas de questions stupides. Celle que vous venez de poser est peut-être la question la plus profonde de toute la science. Néanmoins, la réponse est simple, un génie du nom de Josiah Willard Gibbs (1839-1903) fut le premier à la formuler à la fin du XIXᵉ siècle.

La réponse est que, partout dans la Nature, il y a un équilibre entre deux grandeurs fondamentales : *l'énergie*, que vous connaissez certainement, et *l'entropie*, que vous ne connaissez probablement pas (encore). C'est cet équilibre, et seulement lui, qui détermine si un événement peut avoir lieu ou pas.

Certains événements physiques ou chimiques se produisent d'eux-mêmes, mais ils ne peuvent se produire dans le sens inverse sans une aide extérieure. Par exemple, on pourrait forcer l'eau à remonter en la pompant. Et, si on le voulait vraiment, on pourrait récupérer le sucre du café en faisant évaporer ce dernier et en séparant le sucre des composés du café. Récupérer une allumette brûlée serait plus difficile mais, avec suffisamment de temps et d'équipement, une petite armée de chimistes pourrait probablement reconstruire l'allumette à partir de la cendre, de la fumée et des gaz.

Le point important est que, dans chacun de ces cas, une bonne dose d'intervention – un apport d'énergie de l'extérieur – est néces-

1. Cette question est tellement fondamentale dans l'explication du fonctionnement de l'Univers que je reprends la réponse que j'ai donnée dans *Ce qu'Einstein disait à son coiffeur*. Toutes les autres questions du présent ouvrage sont nouvelles.

saire. Livrée à elle-même, la Nature autorise certaines choses à se produire spontanément, d'elles-mêmes. Mais d'autres choses ne se produiront *jamais* spontanément, même si l'on attend, les bras croisés, jusqu'à la fin des temps. La règle fondamentale de la Nature est que, si l'équilibre entre l'énergie et l'entropie est adéquat, les choses se produisent; sinon, les choses ne se produisent pas.

Prenons d'abord l'énergie. Nous expliquerons ensuite l'entropie.

En général, un système essaie d'abaisser son énergie si c'est possible. Dans une chute d'eau, l'eau se débarrasse de son énergie gravitationnelle latente en tombant dans une piscine (on peut utiliser cette énergie pour faire tourner une roue à aubes lorsque l'eau descend). Mais, une fois que l'eau est en bas, elle est « morte », du moins du point de vue de l'énergie gravitationnelle; elle ne peut pas remonter. Une foule de réactions chimiques se produisent pour des raisons similaires : les produits se débarrassent de l'énergie chimique qu'ils ont emmagasinée en se transformant de façon spontanée en d'autres produits, possédant moins d'énergie chimique (l'allumette qui brûle en est un exemple). Mais ils ne peuvent revenir à leur état initial par eux-mêmes.

Ainsi, toutes choses égales par ailleurs, la tendance de la Nature est qu'*un système abaissera son énergie s'il le peut*. C'est la règle numéro un.

Mais ça n'est pas fini, la *diminution d'énergie* n'explique pas à elle seule pourquoi les choses se produisent. L'autre condition est *l'augmentation d'entropie*. L'entropie est juste un mot compliqué pour désigner le *désordre*, le hasard, l'arrangement chaotique des choses. Avant le coup d'envoi, les joueurs de football américain sont alignés de façon ordonnée – ils ne sont pas placés au hasard, et ont donc une entropie faible. Au cours du jeu, cependant, ils se retrouvent éparpillés sur le terrain, de façon désordonnée, et ils ont donc une entropie plus élevée. Il en va de même pour les particules individuelles qui composent tout ce que l'on peut voir : les atomes et les molécules. À un moment donné, ils peuvent être soit ordonnés, soit totalement désordonnés, ou dans n'importe quel état intermédiaire. C'est-à-dire qu'ils peuvent avoir différentes quantités d'entropie, de très faible à très élevée.

Toutes choses (à savoir l'énergie) égales par ailleurs, la tendance de la Nature est que tout tend à devenir de plus en plus désordonné – c'est-à-dire qu'*un système augmentera son entropie si c'est possible.* C'est la règle numéro deux. On peut assister à une augmentation « non naturelle » de l'énergie, pourvu qu'il y ait une augmentation supérieure de l'entropie. Ou on peut assister à une diminution « non naturelle » de l'entropie, pourvu qu'il y ait une diminution supérieure de l'énergie. Vous avez compris le truc ?

La question de savoir si un événement peut se produire spontanément dans la Nature – sans intervention extérieure – est purement une question d'équilibre entre la règle de l'énergie et celle de l'entropie.

La chute d'eau ? Elle se produit car il y a une grande chute d'énergie (gravitationnelle); il n'y a virtuellement aucune différence d'entropie entre les molécules d'eau en haut et celles d'en bas. C'est un processus basé sur l'énergie.

Le sucre dans le café ? Il se dissout essentiellement car il y a une grande augmentation de l'entropie; les molécules de sucre nageant dans le café sont beaucoup plus désordonnées que quand elles étaient liées les unes aux autres dans les cristaux de sucre. Il n'y a cependant quasiment pas de différence d'énergie entre le sucre solide et le sucre dissous (le café n'est pas plus chaud ou plus froid une fois le sucre dissous, n'est-ce pas ?). C'est un processus basé sur l'entropie.

L'allumette qui brûle ? De toute évidence, il y a une forte diminution de l'énergie, une libération soudaine d'énergie. L'énergie chimique stockée dans allumette est relâchée sous la forme d'une bouffée de chaleur et de lumière. Mais il y également une énorme augmentation de l'entropie; la flamme qui ondule, la fumée et les gaz sont bien plus désordonnés que l'allumette compacte ne l'était. Cette réaction est donc doublement bénie par les lois de la Nature, car favorisée à la fois par l'énergie et par l'entropie. C'est pour cette raison qu'elle a lieu si volontiers une fois que vous l'avez initiée en craquant l'allumette.

Que se passe-t-il dans le cas d'une réaction dans laquelle l'une de ces quantités, l'énergie ou l'entropie, va dans le « mauvais sens » ? Eh bien cette réaction peut tout de même avoir lieu si l'autre quantité va suffisamment dans le « bon sens » pour le compenser. C'est-à-dire que l'énergie peut augmenter s'il y a une augmentation suffisante de l'entropie pour la contrebalancer; et l'entropie peut diminuer s'il y a une diminution suffisante de l'énergie pour la contrebalancer.

Ce que J. Willard Gibbs a réussi à faire, c'est trouver une équation décrivant cet équilibre énergie-entropie. Si l'équation de Gibbs montre que, après avoir compensé le changement de l'entropie « dans le mauvais sens », il reste de l'énergie, cette énergie (en jargon scientifique : l'*énergie libre*) peut être utilisée pour faire que les choses se produisent, et la réaction en question aura lieu automatiquement. En revanche, si la quantité d'énergie (« libre ») est insuffisante pour compenser les changements d'entropie « dans le mauvais sens », la réaction n'aura pas lieu, et ne pourra pas avoir lieu si de l'énergie n'est pas apportée par l'extérieur.

En fournissant suffisamment d'énergie, on peut toujours contourner la loi de la Nature régissant l'entropie, qui stipule que tout tend vers le désordre. Voici un exemple. Il y a environ 10 millions de tonnes – pour une valeur de 60 mille milliards d'euros – d'or disséminé dans les océans de la Terre attendant d'être ramassés. Avec suffisamment d'efforts, on pourrait le ramasser entièrement, atome par atome. Mais ces atomes sont dispersés dans les 1,4 milliard de kilomètres cube des océans, dans une configuration chaotique qui possède une entropie extraordinairement élevée. L'énergie qu'il nous faudrait dépenser pour réduire cette entropie en amenant tout cet or au même endroit nous coûterait infiniment plus cher que la valeur de l'or lui-même.

Dans un élan de ferveur envers les lois de la mécanique, Archimède (287-212 av. J.-C.) est censé avoir dit : « Donnez-moi un levier suffisamment long et un point d'appui, et je soulèverai le monde. » S'il avait connu l'entropie, il aurait pu ajouter : « Donnez-moi suffisamment d'énergie, et je mettrai ce monde chaotique en ordre. »

Un peu de jargon scientifique

Accélération : C'est l'augmentation de la vitesse avec le temps.

Acide, base et sel : Les acides et les bases sont des types opposés de composés chimiques qui se neutralisent pour former de l'eau et du sel. Le sel le plus commun est le sel de table. Le dioxyde de carbone et le vinaigre sont des acides courants. L'ammoniac et la lessive sont des bases communes.

Alliage : C'est un métal obtenu par la fonte et le mélange de deux ou plusieurs métaux purs.

Atome : C'est une toute petite particule dont toutes les substances sont composées. Nous connaissons 110 atomes différents. Les atomes sont presque toujours regroupés au sein de différentes *molécules*.

Calorie : C'est une quantité d'énergie de chaleur. Pour les chimistes, une calorie est la quantité de chaleur qu'il faut fournir pour faire augmenter la température d'un gramme d'eau d'un degré Celsius. Les nutritionnistes utilisent les *kilocalories*. Une kilocalorie vaut mille calories. Voir *joule*.

Capacité thermique : C'est la quantité de chaleur qu'il faut donner à un kilogramme d'une substance pour faire augmenter sa température d'un degré Celsius. Il faut, par exemple, fournir beaucoup de chaleur à l'eau pour la faire chauffer de façon importante : elle a une grande capacité thermique.

Capillaire : C'est un tube très fin ou un espace très fin dans lequel un liquide peut s'écouler. L'eau et certains autres liquides se glissent automatiquement dans des espaces aussi petits car leurs molécules sont attirées par les parois du tube.

Chaleur : C'est une forme d'énergie qui se manifeste dans le mouvement des atomes et des molécules d'une substance.

Composé chimique : Une substance pure et définissable dont les molécules sont constituées d'un nombre et de types précis d'atomes. On ne rencontre pas beaucoup de composés chimiques purs dans la Nature car presque tout dans le monde est constitué de combinaisons et de mélanges de composés chimiques.

Composé organique ou inorganique : Les chimistes ont divisé tous les composés chimiques en deux catégories : organique et inorganique. Les molécules des composés organiques contiennent des atomes de carbone mais pas celles des composés inorganiques. Presque tous les composés chimiques que l'on trouve dans les plantes et les animaux sont organiques.

Condensation : Quand de la vapeur d'eau refroidit suffisamment pour devenir liquide, on dit qu'elle se liquéfie. La liquéfaction est l'inverse de l'ébullition, au cours de laquelle un liquide chauffe suffisamment pour se transformer en vapeur. Ce terme désigne également le passage de l'état de vapeur à l'état solide. Mieux vaut donc lui préférer le terme de *liquéfaction*.

Cosinus : C'est ce que vous obtenez en appuyant sur le bouton *cos* de votre calculatrice.

Cristal : C'est un solide possédant un arrangement géométrique régulier de particules. Cet arrangement interne régulier donne une forme extérieure géométrique régulière au solide.

Densité : C'est une mesure du poids d'un volume donné de substance. Un décimètre cube d'eau, par exemple, pèse un kilogramme. La densité de l'eau est donc d'un kilogramme par décimètre cube. En comparaison, la densité du plomb est de 11 kilogrammes par décimètre cube.

Dissolution : Quand une substance se dissout dans l'eau, elle semble disparaître car elle se décompose : ses molécules se séparent les unes des autres et se mélangent intimement avec les molécules d'eau. On appelle ce mélange *solution*. La « concentration » d'une solution est une indication de la quantité de substance dissoute dans une quantité d'eau donnée.

Électron : C'est une toute petite particule portant une charge électrique négative. Les électrons habitent en général à côté du *noyau*, le cœur extrêmement lourd de l'atome. Les électrons se détachent facilement de leurs atomes et peuvent se déplacer librement.

Énergie cinétique : C'est de l'énergie sous forme d'action, c'est-à-dire de mouvement. L'énergie cinétique d'une balle de tennis en mouvement est évidente. Mais la chaleur est également une forme d'énergie cinétique car c'est le mouvement des atomes et des molécules d'un objet, qui ne dépend pas du mouvement de l'objet dans son ensemble.

Énergie de fusion : C'est la quantité de chaleur nécessaire pour faire fondre un solide, en général exprimée en calories (ou en joules) par gramme.

Énergie potentielle : C'est de l'énergie stockée qui attend d'être libérée pour accomplir des actions utiles. Exemples : l'énergie potentielle gravitationnelle (un rocher au bord d'une falaise), l'énergie potentielle chimique (un bâton de dynamite) et l'énergie potentielle nucléaire (un groupe d'atomes d'uranium).

Enzyme : C'est un catalyseur naturel (un catalyseur est une substance qui *accélère* une réaction chimique sans être elle-même consommée ou modifiée). Les enzymes des plantes et des animaux aident les processus du vivant, qui seraient autrement trop lents, à se produire à une vitesse raisonnable.

Force centrifuge : C'est la force qui pousse les objets vers l'extérieur lorsqu'ils se déplacent sur un cercle. Si vous avez déjà entendu parler de *force centripète*, oubliez-la : elle ne fait qu'apporter de la confusion.

Glucides : C'est une famille de produits issus des plantes, parmi lesquels l'amidon, les sucres et la cellulose.

Ion : Un ion est un atome ou un groupe d'atomes qui ont une charge électrique car ils ont gagné ou perdu un ou plusieurs électrons. La plupart des minéraux sont des ions et non des atomes ou des molécules neutres.

Joule : Le joule est l'unité légale d'énergie. Un joule vaut 0,24 calorie.

Liquéfaction : Passage de l'état de vapeur à l'état liquide. Voir *condensation*.

Molécule : C'est une petite particule dont sont constituées la plupart des substances. Des substances sont différentes car elles sont constituées de molécules de composition, d'arrangement, de taille et de forme différents. Les molécules sont elles-mêmes constituées de particules encore plus petites appelées *atomes*. Les atomes sont quant à eux constitués d'*électrons* en orbite autour d'un *noyau*.

Noyau : C'est le cœur d'un atome, qui contient virtuellement toute la masse de l'atome. Il est des milliers de fois plus lourd que les électrons de l'atome.

Ondes électromagnétiques : Ce sont des ondes d'énergie pure voyageant à travers l'espace à la vitesse de la lumière. La gamme d'ondes électromagnétiques connues va des ondes radio aux rayons gamma en passant par les micro-ondes, la lumière (à la fois visible et invisible) et les rayons X. Les ondes électromagnétiques ont une longueur d'onde et une fréquence de vibration : plus la longueur d'onde est courte et plus la fréquence et l'énergie sont élevées.

Polaire : Une substance polaire est composée de molécules dont les électrons sont plus concentrés à une extrémité qu'à une autre, si bien que cette extrémité est chargée négativement par rapport à l'autre. Une telle molécule réagit aux forces électriques et magnétiques, alors qu'une molécule non polaire n'y est pas sensible. Les molécules d'eau sont très polaires, ce qui donne à l'eau ses propriétés exceptionnelles.

Polymère : C'est une substance dont les très longues molécules sont constituées de chaînes de molécules plus petites liées entre elles. Les plastiques et les protéines sont des polymères.

Pression : C'est la quantité de force qui s'applique à une aire. Elle est parfois mesurée en bar (un bar vaut un kilogramme par centimètre carré). L'unité officielle est le pascal (Pa). Un bar vaut 100 000 pascals.

Protéine : C'est un *polymère* que l'on trouve dans les plantes et les animaux, dont les grandes molécules sont constituées d'acides aminés. Les acides aminés contenant de l'azote sont des composés chimiques organiques essentiels au métabolisme humain.

Rayonnement électromagnétique : Voir *ondes électromagnétiques*.

Réaction d'oxydoréduction : Également appelée réaction «redox», c'est une réaction chimique au cours de laquelle les électrons passent d'un type de molécules, d'atomes ou d'ions à un autre.

Spectre : C'est l'ensemble de toutes les longueurs d'ondes émises ou absorbées par une substance donnée. Le Soleil émet un large spectre de radiations, dont le spectre visible, l'arc-en-ciel des couleurs que l'œil humain peut voir.

Température : C'est un nombre qui exprime l'*énergie cinétique* moyenne, ou énergie de mouvement, de toutes les particules d'une substance.

Index

D

E

Q

R

S

051239-(I)-(10)-OSB 100°-SCM-NGT

STEDI MEDIA, 1, boulevard Ney, 75018 Paris
Dépôt légal, Imprimeur, n° 10105
Dépôt légal : octobre 2007
Imprimé en France